装配式环筋扣合锚接混凝土剪力墙结构体系及建造技术

中国建筑第七工程局有限公司　焦安亮　著

中国建筑工业出版社

图书在版编目(CIP)数据

装配式环筋扣合锚接混凝土剪力墙结构体系及建造技术/焦安亮著. —北京：中国建筑工业出版社，2017.4
ISBN 978-7-112-20362-8

Ⅰ.①装… Ⅱ.①焦… Ⅲ.①装配式混凝土结构-剪力墙-研究 Ⅳ.①TU227

中国版本图书馆 CIP 数据核字(2017)第 012921 号

本书是在调研、参考大量国内外资料的基础上，结合一些重大工程实践的基础上，总结了现阶段我国住宅工业化的发展现状，展望了装配式建筑未来的发展方向，本书共分为八章，包括引言；装配式环筋扣合锚接混凝土剪力墙结构简介；环筋扣合锚接节点钢筋锚固性能试验研究；环筋扣合锚接剪力墙平面外抗折试验研究；环筋扣合锚接混凝土剪力墙拟静力试验研究；环筋扣合锚接剪力墙足尺子结构拟静力、拟动力试验；工程实践；结论和展望。本书适合于装配式建筑从业人员使用。

责任编辑：郦锁林 张 磊
责任设计：李志立
责任校对：王宇枢 姜小莲

装配式环筋扣合锚接混凝土剪力墙结构体系及建造技术
中国建筑第七工程局有限公司 焦安亮 著

*

中国建筑工业出版社出版、发行（北京海淀三里河路 9 号）
各地新华书店、建筑书店经销
北京科地亚盟排版公司制版
北京中科印刷有限公司印刷

*

开本：787×1092 毫米 1/16 印张：11½ 字数：225 千字
2017 年 5 月第一版 2017 年 5 月第一次印刷
定价：**50.00** 元
ISBN 978 - 7 - 112 - 20362 - 8
(29773)

序　一

面对我国加快改革开放和转变生产方式的新形势，党的十八大为我们描绘了未来中国发展的宏伟蓝图和美好前景，提出了新型工业化、信息化、城镇化和绿色化的发展目标，为建筑业的持续健康发展提供了明确的方向。加速建筑产业现代化必须把功夫下在提高城镇化建设的质量上，必须把注意力集中在绿色化发展上。装配式建筑是实现建筑产业现代化的重要方式，开展装配式建筑结构体系创新研究和施工关键技术的集成研究已成为建筑业界广泛关注的重点。

中国建筑第七工程局有限公司自主研发的新型装配式结构体系，已经形成了从构件制作到设计施工的成套技术，并进行了成套技术的全面示范工程实践，取得了良好效果。最近，以中建七局焦安亮为首的技术研发团队，在成功实践的基础上，将这些研究成果撰写成《装配式环筋扣合锚接混凝土剪力墙结构体系及建造技术》一书，即将出版，我为此感到非常高兴。

在全面研究我国装配化现状的基础上，该书提出的装配式环筋扣合锚接混凝土剪力墙结构体系克服了现阶段我国装配式建筑结构存在的套筒连接工作量大，灌浆质量难以控制、成本较高、节点施工复杂等缺陷，形成的环筋扣合锚接混凝土剪力墙结构成套技术体系，结构动力特性符合要求，安全可靠，质量控制便捷直观，节点等同于现浇混凝土结构，具有明显的创新性。该书在进行理论分析研究及体系设计的基础上，又对构件制作、验收、运输、存放、安装及质量控制等内容进行全面介绍，是一本集理论研究、工程设计与安装施工为一体的全面反映装配式环筋扣合锚接混凝土剪力墙结构设计施工的专业书籍，可为相似结构的研究提供技术支持。

该书涉及内容全面，操作性强，也可作为装配式混凝土剪力墙结构的设计和施工的专业指导书籍，希望该书的出版能成为我们装配式建筑技术创新和发展的星星之火，在全行业尽快形成装配式建筑全面创新的燎原之势。

序　二

传统住宅存在施工速度慢、结构质量不易控制、住宅生产成本高、施工能耗高、存在较多安全隐患等弊端。“十三五”规划纲要明确指出，建筑业要推广绿色建筑与绿色施工技术，着力用先进建造、材料、信息技术优化结构和服务模式，加大淘汰落后产能力度，压缩和疏导过剩产能。为实现绿色建筑，应将着力点放在绿色、低碳、环保上面，这就需要改变我国建筑行业的经营模式，抓住机会进行转型，就目前来看，建筑工业化将是企业转型的必然选择。

装配式建筑建造速度快，节省劳动力且能提高建筑质量，是工业化建筑的重要组成部分。近年来，中国建筑第七工程局有限公司紧跟国家和区域经济投资导向，大力实施结构调整和战略转型，积极投身科技研发事业，努力探索预制构件生产及装配式施工技术。我局从2010年开始进行装配式结构体系研究，并组织成立专项研究小组，通过调研国内外在建工程项目及预制工厂，充分对比分析现有装配式建筑结构的优缺点，自主研发出这套结构体系。该结构体系的节点和整体结构经哈尔滨工业大学及同济大学拟静力及拟动力试验，各项指标均达到或优于国家设计标准指标。其中针对装配式环筋扣合锚接混凝土剪力墙结构体系开展的三层足尺、大动力源、三十层满荷载、全地震波形的拟动力试验研究在国内还属首次。同时我局与知名高校、科研院所、设计院和行业内领先企业，开展了广泛的技术交流，对方案经济性、安全性和施工效率进行了优化和论证。

历时六年，在研究开发的过程中，我们严格遵守国家政策及标准，在一定程度上实现了科技创新，针对科技成果，设置了一系列的可行性强、操作性强的技术指标，较全面、系统地阐述了装配式环筋扣合锚接混凝土剪力墙结构体系的研究内容及适用范围，本书中的研究成果对装配式结构及建筑工业化的发展具有重要的指导意义。

在“十三五”国家重点研发计划中，中建七局申报了“建筑构件高精度生产及高精度安装控制技术研究与示范”和“施工现场构件高效吊装安装关键技术与装备”等课题。重点研发装配式建筑结构的高效生产及自动化施工等，将更加有力地促进我国建筑工业化的发展。

前　言

进入21世纪以来，随着国民经济的持续快速发展，我国城镇化和城市现代化进程加快，建筑产业现代化的升级，节能环保要求的提高，劳动力成本的不断增长，使得我国在装配式混凝土结构体系及建造关键技术方面的研究逐渐升温。

《装配式环筋扣合锚接混凝土剪力墙结构体系及建造技术》是在中国建筑行业领导、专家学者的大力支持下，由中国建筑第七工程局有限公司组织编写的在装配式结构体系研究、设计、施工及验收方面的具有一定指导性意义的专业用书。

本书在调研、参考大量国内外资料并结合一些重大工程实践的基础上，总结了现阶段我国住宅工业化的发展现状，展望了装配式建筑未来的发展方向。本书共分为八章。

第一章介绍了住宅工业化的概念及优势、住宅工业化发展历程及现状、工业化住宅的结构形式及特点以及我国促进住宅工业的相关政策等，引出了中国建筑第七工程局有限公司自主研发的新型装配式体系——装配式环筋扣合锚接混凝土剪力墙结构体系及其主要研究内容。

第二章提出了装配式环筋扣合锚接混凝土剪力墙的构件、基本连接方式，水平、竖向现浇节点的施工步骤。

第三章至第六章针对装配式环筋扣合锚接混凝土剪力墙结构体系展开了连接节点钢筋锚固性能试验研究、剪力墙平面外抗折试验研究、剪力墙拟静力试验研究以及足尺子结构的拟静力、拟动力试验研究等，通过研究确定了环筋扣合高度，验证了装配式环筋扣合锚接混凝土剪力墙结构的安全性，确定了环筋扣合锚接混凝土剪力墙结构的设计参数。

第七章基于装配式环筋扣合锚接混凝土剪力墙结构体系开展了一系列的工程实践，形成了构件预制方案、施工工艺流程以及重要构件的安装工艺。

第八章总结本书研究内容的主要结论，以及对未来装配式建筑发展方向的概述。

本书可在研究、分析和处理工程问题方面为从事装配式建筑结构的科研、设计和施工管理的技术人员提供借鉴，也可作为装配式建筑的入门教材供本科生参考使用。

在本书成文之际，作者特别感谢多年来在中国建筑第七工程局有限公司辛勤工作的各位专业技术人员，感谢哈尔滨工业大学范峰教授、支旭东教授及其博士研究生们给予的理论指导。还要感谢为本书正式刊印和出版给予帮助和指导的众多编辑和审校专家。

限于作者的学术水平及工程实践方面的能力，书中难免存在错误或不足之处，敬请同行专家和广大读者给予批评指正。

2016年7月

目　　录

1 引　言

1.1 住宅工业化的概念及优势

建筑产业现代化是以绿色发展为理念，以住宅建设为重点，以新型建筑工业化为核心，广泛运用现代科学技术和管理方法，以工业化、信息化深度融合对建筑全产业链进行更新、改造和升级，实现传统生产方式向现代工业化生产方式转变，从而全面提高建筑工程的效率、效益和质量。建筑工业化是建筑产业现代化的基础和前提，只有工业化达到了一定程度才能实现产业现代化。

住宅工业化是指采用工厂化、工业化流水线的方式完成大部分构成建筑的构件、部件、设备的生产，然后运至现场进行装配集成的一种建筑方式，它是建筑工业化在住宅领域里的具体实现。采用传统施工方法进行工程建设存在以下问题：①施工速度慢，受现场施工人员水平和施工环境的影响，结构质量不易控制；②劳动力成本不断提高，增加了生产成本；③传统住宅施工能耗高，工地高空坠落、火灾等安全问题时有发生，安全隐患多。

与传统施工方式相比，工业化生产的现代化生产方式优点明显，主要表现在以下方面：①劳动生产率大幅提升：目前现浇混凝土剪力墙标准层施工速度一般平均为5d/层，而装配式住宅的施工速度可以达到平均2.5d/层。工业化程度的提高，将进一步提高施工速度。②建筑质量的提升：采用工业化生产方式，建筑的构件、部件、设备通过工业化流水线方式制作，现场装配方式为机械化安装，大大提高了生产力且质量易于控制。能够消除传统施工常见的开裂、空鼓、尺寸偏差等质量通病，提高结构精度。③能够提高工程安全性：工程安全是工程项目管理的重点。传统作业一方面存在高空作业等危险作业，另一方面存在多种作业同时施工，工程安全难以保证；装配式住宅的构件工厂化预制，现场吊装不仅减少了特种作业，而且工人操作得以模式化，有效提高了工人施工熟练程度，减少了不安全因素。④有利于环境保护：采用工业化的生产方式，将大量的现场施工转移到工厂预制，免除了传统建筑现场搭设脚手架等材料与费用，减少建筑垃圾产生、建筑污水排放、建筑噪声干扰。⑤有利于节能降耗：

传统的建造方式能耗和消耗高，建筑消耗和能耗占全国能源消耗的30%，建筑垃圾占城市垃圾总量的30%～40%。工业生产方式以其优越的生产方式和管理模式实现大幅度降低消耗与能耗。以已建成的万科新里城B04地块住宅项目为例，该项目总建筑面积13.58万m^2，其中有7幢高层为住宅工业化装配式结构住宅，预制率为21.33%，经测算共节电121294kW·h、节水15785m^3、减少建筑垃圾234.83m^3。通过采用工业化建设，该项目工程建成后可实现材料损耗减少60%，建筑节能50%。

1.2 住宅工业化发展历程及现状

20世纪50年代，欧洲一些国家掀起住宅工业化高潮，20世纪60年代遍及欧洲各国，并扩展到美国、加拿大、日本等经济发达国家。经过几十年的研究，发达国家的住宅工业化应用已经发展到成熟阶段。欧美、日本等国由于其劳动成本、质量、安全要求高，其钢结构（SS）和装配式钢筋混凝土结构（PC）已占其所有建筑的85%以上，美国产业化率达90%以上。新加坡、韩国、中国台湾、中国香港等地区把推广产业化写入建筑立法，尤其在钢筋混凝土结构中规定每栋建筑的PC率必须超过一定比例。

我国20世纪60年代开始应用装配式建筑，在70年代初至80年代中期预制混凝土的生产经历了一个空前繁荣的大发展时期；到80年代末，我国预制构件企业已有数万家，年产预制混凝土数量达2500万m^3左右。然而，当时由于装配式住宅的隔声、防水、抗震性能等关键技术没有得到很好地解决，特别是节点抗震性能没有解决，且国内的预制混凝土构件存在跨度小、承载力低、延性差等问题，严重阻碍了装配式结构在我国的发展。

经过几十年的改革和发展，我国住宅建设顺利完成了由计划经济型发展方式向市场导向型发展方式的重大转变，住宅产业进入持续、健康发展的新时期。我们重新审视住宅工业化，并认定其为行业发展趋势，除其有诸多优势外，工业化住宅的许多关键技术已经得到解决，例如大型机械的使用满足了装配式住宅构件的吊装要求；计算机模拟和试验相结合的研究手段使得节点抗震性能不断改善，并满足抗震要求。然而住宅工业化仍处于起步阶段，工业化住宅性能和成本优势不显著，其推广和发展需要国家政策支持。

1.3 工业化住宅主要结构形式及特点

工业化住宅按照所用材料不同可以分为装配式钢筋混凝土结构住宅和钢结构住宅，而装配式钢筋混凝土结构一般又分为整体预应力装配式板柱结构和装配整体式混凝土结构。

1.3.1 整体预应力装配式板柱结构

整体预应力装配式板柱结构起源于前南斯拉夫，简称IMS体系，它无梁无柱帽以预制楼板和柱为基本构件（图1.3-1）。由预制板和预制带预留孔的柱进行装配，通过张拉楼盖、屋盖中各向板缝的预应力筋实现板柱间的摩擦连接而形成整体结构，即双向后张拉有黏结的预应力筋贯穿柱孔和相邻构件之间的明槽，并将这些预制构件挤压成整体；楼板依靠预应力及其产生的静摩擦力支撑固定在柱上，板柱之间形成预应力摩擦节点，该结构体系具有以下特点：①板柱间的预应力摩擦节点和明槽式预应力是该结构体系的两大特征；②临时支撑系统搭设、预制构件拼装和施加整体预应力是结构施工的关键工序；③结构的板柱节点延性好，具有良好的抗震性能；④结构无梁无柱帽，开间大，建筑布置灵活；⑤工业化程度高，施工速度快，现场用工少，材料用量省，批量化工厂预制可大幅降低建筑成本；⑥实现建筑业的“绿色建造”，技术优势显著。

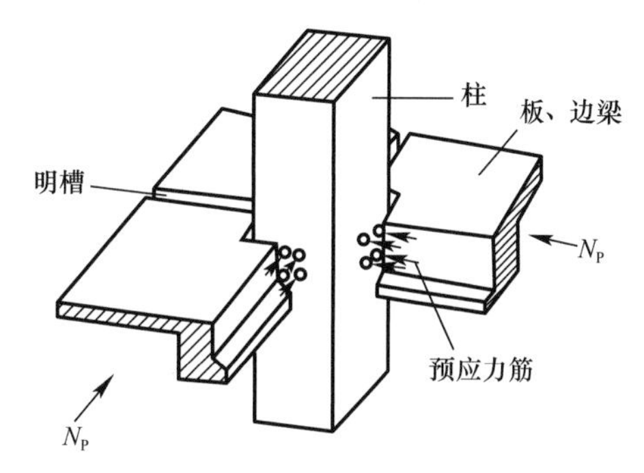

图1.3-1 整体预应力装配式板柱结构节点

1.3.2 装配整体式混凝土结构

装配整体式混凝土结构是目前国内装配式住宅的主要结构形式，它是对现浇钢筋混凝土结构的拆分与组装。装配整体式混凝土结构可分为装配整体式框架结构、装配整体式剪力墙结构、装配整体式框架—剪力墙结构体系。

装配式钢筋混凝土结构的连接节点钢筋采用浆锚连接、间接搭接、机械连接、焊接连接或其他连接方式，通过后浇混凝土或灌浆使预制构件具有可靠传力和承载要求。该结构体系具有以下特点：

（1）各种结构形式根据抗震设计使用范围不同，允许建设的高度也不同。

（2）由于装配整体式混凝土结构是对现浇钢筋混凝土结构的拆分与组装，一般按照结构形式可以拆分为梁、板、柱、墙等传统构件，这就使得组装成为装配整体式混凝土结构的重点和难点，因此节点连接一直是该种结构形式近年来的研究方向。柱与柱节点连接形式一般有榫式柱连接、浆锚式连接及插入式柱连接。针对传统钢筋混凝土榫头不易制作，容易碰坏，纵筋焊接或冷挤压后不仅有内应力而且产生变形，增加了接头拼装的难度等问题，东南大学罗青儿等提出了用钢管混凝土材料做榫头，用滚轧直螺纹套筒来连接柱纵筋的新的榫式柱连接方案，并进行试验验证。装配整体式混凝土结构一般采用叠合梁和叠合板，梁板与其他构件连接一般采用钢筋锚固后现浇混凝土的湿连接，如图 1.3-2 所示。预制混凝土剪力墙的结合面上设抗剪连接齿槽增强连接抗剪处理（图 1.3-3）。

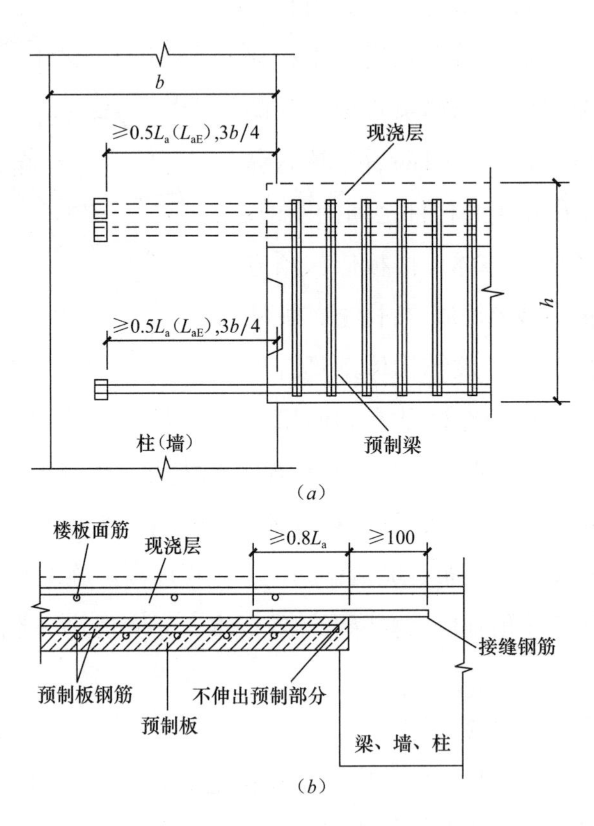

图 1.3-2 装配整体式混凝土结构节点连接

（a）立面；（b）剖面

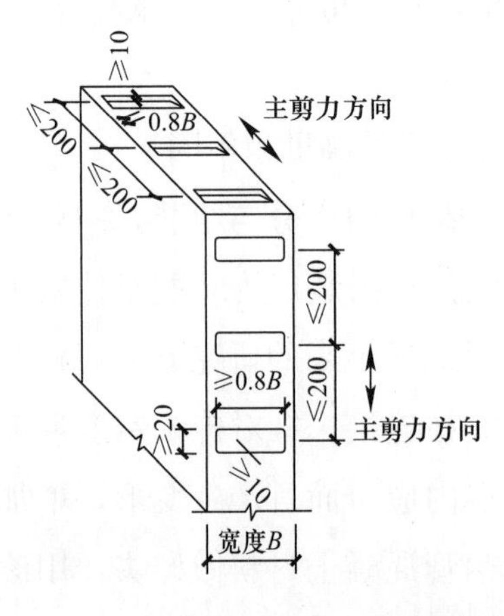

图 1.3-3 剪力墙抗剪连接齿槽

《装配式混凝土结构技术规程》JGJ 1—2014 指出在各种设计状况下，装配整体式结构可采用与现浇混凝土结构相同的方法进行结构分析。《预制装配整体式房屋混凝土剪力墙结构技术规范》（黑建科［2010］35 号）规定该规范适用的装配整体式预制混凝土剪力墙结构，整体计算分析可按现浇混凝土结构的方法进行。

（3）装配整体式混凝土结构抗震不仅靠结构形成塑性铰，而且靠结构节点间阻尼消耗地震能量。

对于装配整体式混凝土结构，后浇节点等效于现浇混凝土结构，其抗震是靠形成塑性铰消耗地震能量，而一些焊接、螺栓连接等节点处要考虑节点的阻尼会消耗地震能量。《预制混凝土框架结构抗震性能研究综述》指出采用的等效现浇节点的结构可以按照现浇混凝土结构抗震要求设计，装配式节点抗震性能不同于现浇节点，采用的装配式节点结构抗震要求需专门研究规定。《装配式预制混凝土梁、柱、叠合板边节点抗震性能试验研究》指出预制混凝土结构梁柱叠合板边节点构件整体性能要差，但不明显，整体来说装配节点抗震性能与现浇节点的抗震性能相当。

1.3.3 钢结构住宅

钢结构住宅是指以钢作为建筑承重梁柱的住宅建筑，钢结构住宅体系按承重骨架的不同分为轻型钢结构体系和框架体系。轻型钢结构体系用冷弯薄壁型钢作为承重外墙的结构骨架时，截面多为C型，作为水平或屋架构件时，断面多为U形。钢框架体系用钢管或型钢作为承重结构，按承重构件截面形式分为工字型钢、H型钢、U型钢、L型钢，还有冷弯焊接方管或圆管截面、冷弯薄壁方（圆）钢管内灌混凝土截面等。钢结构住宅有以下特点：

（1）绿色环保钢结构质量轻、基础造价低、抗震性好，钢材可循环利用，施工时湿作业少，施工噪声小，对环境污染少，称为可持续发展的绿色建筑。

（2）构件加工方便质量轻，便于运输和安装。

（3）节点处理简单，构件现场连接多采用焊接、螺栓连接等干连接方法。

（4）高层钢结构住宅多利用钢框架—支撑结构体系，该种结构体系是在框架体系中部分框架之间设置竖向支撑，形成支撑框架，属于双层抗侧力结构体系，借助支撑一方面承受水平力和提供侧向刚度，另一方面利用支撑的变形来耗能以抵抗地震荷载。

该结构也存在以下问题：

（1）防火问题。在正常温度下使用，钢结构材料是一种很好的建筑材料，但一旦钢结构材料温度超过250℃时，钢材的强度降低为40%，其刚度则降低为78%。当温度>550℃时，钢结构材料就会完全丧失承载力。当采用防火涂料时又大大增加了成本，钢结构建筑的防火问题一直是其较难解决的问题。

（2）防腐问题。钢结构材料暴露在外或防腐涂料剥落等情况极易造成钢结构腐蚀，钢结构一旦腐蚀生锈不仅会影响建筑物的美观而且会使其承载力下降，埋下安全隐患。

（3）楼板问题。现有钢结构住宅很少采用纯钢结构楼板，但某些单位将纯钢结构楼板用在酒店等建筑上，进行了尝试，虽然在提高工厂加工效率和提高施工速度等方面优点突出，但其缺点也很突出，如刚度小，人走在上面会感到颤动；隔声差，应用于住宅会影响休息等。

钢结构住宅在我国应用不广泛主要是政策支持不够，国家对钢结构住宅产业化的支持不能只停留在导向上，而是要出台强有力的配套政策支持。只有推行配套政策支持才能进一步推动钢结构住宅的发展，才能够在发展中解决其存在的问题。

1.4 我国促进住宅工业化的政策

住宅工业化是住宅建造的发展趋势，为了推动这一趋势，国家和地方政府制定实施了一系列政策，根据政策的不同作用大致分为以下 3 种。

1.4.1 引导性政策

1999 年，国务院办公厅下发了由建设部、国土资源部等八部委起草的《关于推进住宅产业现代化，提高住宅质量若干意见的通知》（国办［1999］72 号）。该文件作为中国住宅产业化领域的纲领性文件，对国内住宅产业化行业的发展做出了战略性规划并提出了具体的发展目标。2005 年建设部出台《关于发展节能省地型住宅和公共建筑的指导意见》（建科［2005］78 号），明确了产业化发展第 2 个阶段的重点，以发展节能省地型住宅建设推动住宅产业化的新进程，随后发布了一系列的有关“节能省地”类的法律、法规、条例等相关政策。2014 年，住房和城乡建设部《关于推进建筑业发展和改革的若干意见》中提出“推动建筑产业现代化结构体系、建筑设计、部品构件配件生产、施工、主体装修集成等方面的关键技术研究与应用。制定完善有关设计、施工和验收标准，组织编制相应标准设计图集，指导建立标准化部品构件体系。建立适应建筑产业现代化发展的工程质量安全监管制度。鼓励各地制定建筑产业现代化发展规划以及财政、金融、税收、土地等方面激励政策，培育建筑产业现代化龙头企业，鼓励建设、勘察、设计、施工、构件生产和科研等单位建立产业联盟。进一步发挥政府投资项目的试点示范引导作用并适时扩大试点范围，积极稳妥推进建筑产业现代化”。

1.4.2 奖励性政策

住房和城乡建设部先后确立深圳、沈阳、济南为国家住宅产业化综合试点城市，在保障性住房建设中积极推广住宅产业化技术。在国家政策引导下，各地区也纷纷出台奖励性政策。北京计划用 3 年时间实现 PC（产业化方式）试点项目达 100 万 m^2，2013 年全市住宅产业化实现 100 万 m^2 以上，并对采用 PC 结构的开发商奖励 3%的建筑面积；上海出台的法规指出整体装配式住宅示范项目，对预制装配率达到 25%及以上的，补贴 100 元/m^2；河北、安徽、重庆等省市通过规划产业化住宅面积和比例推广建筑产业化。

1.4.3 其他政策

工业化住宅属于绿色、节能型住宅，国家和地方出台的有关节能、环保性政策同样适合于工业化住宅，例如2012年8月6日，国务院印发了《节能减排“十二五”规划》等。

住宅工业化是一个系统工程，需要在政府的主导下实现产业链上的各企业联动，最终形成规模效应，而现在这种规模效应还不明显，工业化住宅的构件、部品需要在工厂生产，如果没有规模效应，构件加工厂很难盈利，虽然现在有一些政策的扶持，但是力度还不够，很多地方没有出台相关政策支持和引导，以至于工业化住宅在形成规模效应前生产成本处于较高水平，不利于其快速发展。

2 装配式环筋扣合锚接混凝土剪力墙结构简介

2.1 剪力墙结构主要连接方式

随着我国建筑工业化、住宅产业化进程的加快，装配式混凝土剪力墙结构应用越来越广泛。装配式混凝土剪力墙是竖向分层预制墙通过水平拼缝连接形成整体，由于水平拼缝对受剪力面的削弱，若连接措施处理不当，很容易成为结构的薄弱部位。所以，对结构水平拼缝处连接的研究就显得尤为重要，近年来，国内众多科研院所及企业逐渐形成了各具特色的装配式剪力墙结构技术。

2.1.1 套筒连接

该技术是在下层预制墙体上预留承插钢筋，上层钢筋与钢套筒连接后一起预制，上下层连接时，下层预留钢筋插入上层对应钢套筒内，插接完成后从预留注浆孔往钢套筒内注浆，直到出气孔冒浆为止。如图 2.1-1。

套筒连接的特点有：①采用国际 45 号钢材，特殊制造工艺，尺寸精度高，质量可靠。②可连接 $\phi16$～$\phi40$mm 的 HRB335 级和 HRB400 级带肋钢筋。③经过国家建筑工程质量监督检验中心检测，达到《钢筋机械连接技术规程》JGJ 107—2016 中的Ⅰ级接头标准。④包含标准型、正反丝扣型、异径型三大系列等 52 个品种，能满足建筑结构中横向、竖向、斜向等部位的同径、异径以及可调长度和方向的连接钢筋需求。

钢筋连接套筒的优点有以下几个方面：①不受钢筋的化学成分、人为因素、气候、电力等诸多因素的影响；②无污染，符合环保要求，无明火操作施工安全可靠；③适用范围广，适用于各种方位及同径、异径钢筋的连接；④强度高，质量稳定可靠；⑤操作简单，施工速度快。

钢筋连接套筒的缺点有以下几个方面：钢筋插接对精度要求较高，稍有偏差将影响施工进度，另外钢套筒及灌浆料价格偏高，影响整个工程成本。

2.1.2 约束浆锚连接

约束浆锚连接技术是在下层预制墙体预留插接钢筋，上层钢筋下部对应放置螺旋箍筋或波纹管，其内预留下层钢筋插接孔洞，并预留注浆孔和排气孔，上下层连接时，

图 2.1-1 套筒连接

下层预留钢筋插入上层预留孔洞内，插接完成后从预留注浆孔往内注浆，直到排气孔冒浆为止。如图 2.1-2。

约束浆锚技术用螺旋箍筋代替钢套筒，其他预制安装过程与套筒连接技术相同。通过试验验证，该种钢筋连接方式等同于钢筋搭接，虽增加了钢筋搭接时的钢筋长度，但减少了价格昂贵的钢套筒，能节省成本，但是对精度要求过高。

图 2.1-2 约束浆锚连接

2.1.3 预制叠合墙连接

预制叠合墙连接的墙为预制的空心墙，墙体中间用钢筋桁架连接，在墙连接处插接钢筋，而后浇筑空心处的混凝土连接成整体的连接方式。该连接方式在连接时对插接钢筋精度要求不高，易于施工，但是制作难度较大，且钢筋消耗较高。如图 2.1-3。

图 2.1-3 预制叠合墙连接

2.1.4 其他连接

钢筋压接连接是将钢筋插入套筒内，使用特殊液压千斤顶从套筒外侧进行加压，使套筒嵌入钢筋的肋或节中，将钢筋相互固定的方法。该连接方式的特点是：接头强度高，性能可靠，能够承受高应力反复拉压载荷及疲劳载荷且操作简便、施工速度快、节约能源和材料、综合经济效益好。如图 2.1-4。

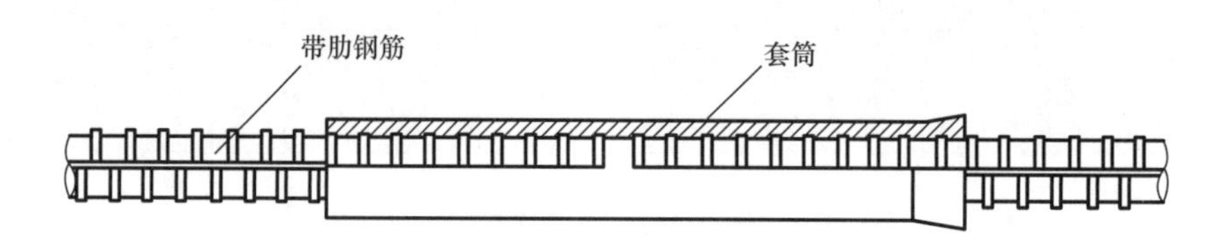

图 2.1-4 钢筋压接连接

扭矩式接头是使用耦合器将螺纹钢筋与螺纹钢筋接合，并用螺母收紧，一次将钢筋相互固定的方法。如图 2.1-5。

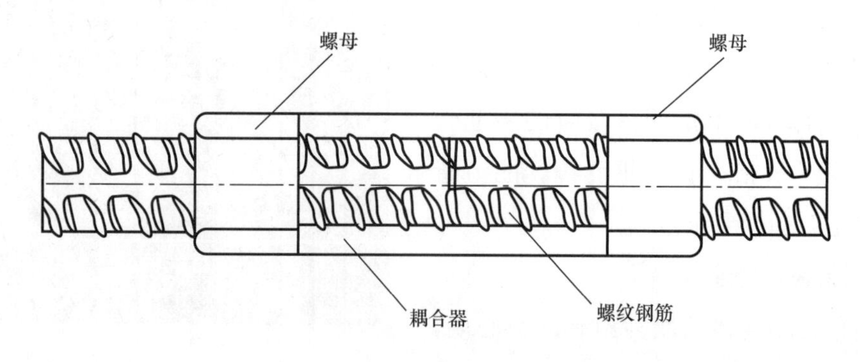

图 2.1-5 扭矩式接头

无机灰浆式接头是在使用耦合器将螺纹钢筋与螺纹钢筋接合，并用螺母收紧固定后，再填充无机灰浆进行固定的方法。如图 2.1-6。

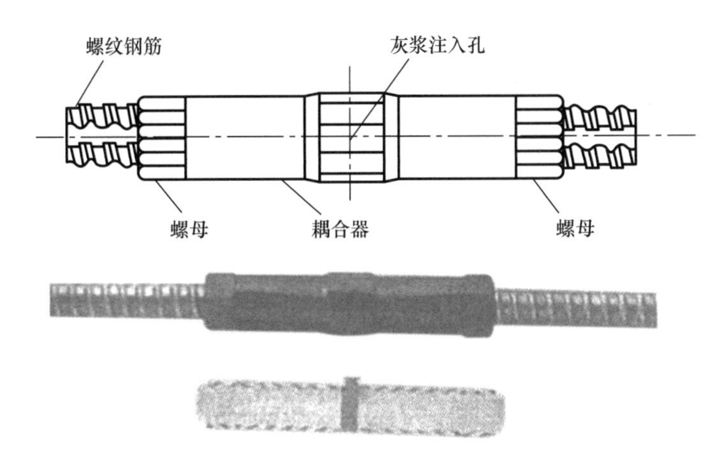

图 2.1-6 无机灰浆式接头

有机灰浆式接头是使用耦合器将螺纹钢筋与螺纹钢筋接合，并填充有机灰浆进行固定的方法，基本上不需要使用螺母。如图 2.1-7。

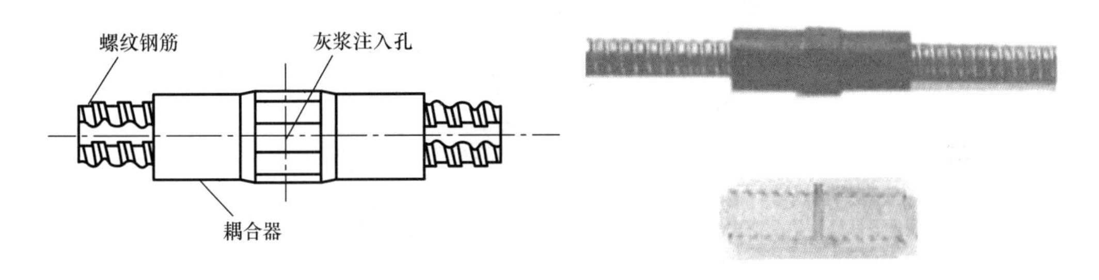

图 2.1-7 有机灰浆式接头

2.1.5 结构体系设计原理

针对上述连接方式的优缺点，中国建筑第七工程局有限公司技术团队提出了一种环筋扣合连接方式：下层预制剪力墙的竖向钢筋伸出墙顶形成倒“U”形，而上层预制剪力墙的竖向钢筋伸出墙底形成“U”形，在连接处进行钢筋绑扎连接，连接高度约为楼板厚度，由此形成装配式环筋扣合锚接剪力墙结构体系。如图 2.1-8。

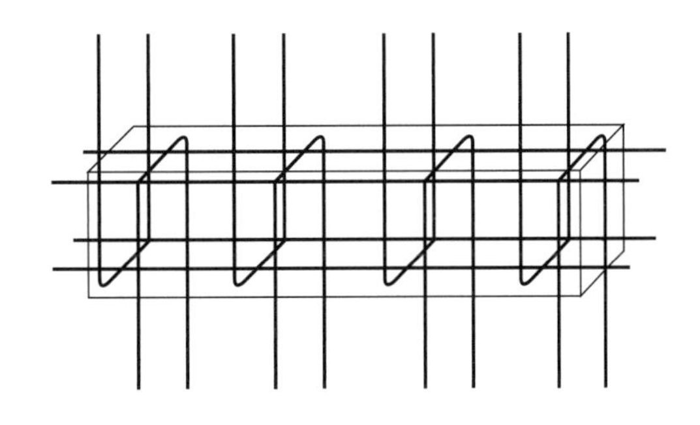

图 2.1-8 环筋扣合锚接连接

装配式环筋扣合锚接混凝土剪力墙结构主要根据《建筑结构荷载规范》GB 50009、《混凝土结构设计规范》GB 50010、《建筑抗震设计规范》GB 50011、《装配式混凝土结构技术规程》JGJ 1、《高层建筑混凝土结构技术规程》JGJ 3 等规范设计，该体系的抗震设防类别及其抗震设防标准根据现行国家标准《建筑工程抗震设防分类标准》GB 50223 设定，且其抗震等级应根据设防类别、烈度、房屋高度等确定，并应符合相应的计算和构造措施。

2.2 构件及节点设计

装配式环筋扣合锚接混凝土剪力墙结构主要由预制环形钢筋混凝土内外墙、预制环形钢筋混凝土叠合楼板和预制环形钢筋混凝土楼梯等基本构件组成。在装配现场，墙体竖向连接通过构件端头留置的竖向环形钢筋在暗梁区域进行扣合，墙体水平连接通过构件端头留置的水平环形钢筋在暗柱区域进行扣合，在暗梁（暗柱）中穿入水平（竖向）钢筋后，浇筑混凝土连接成整体。

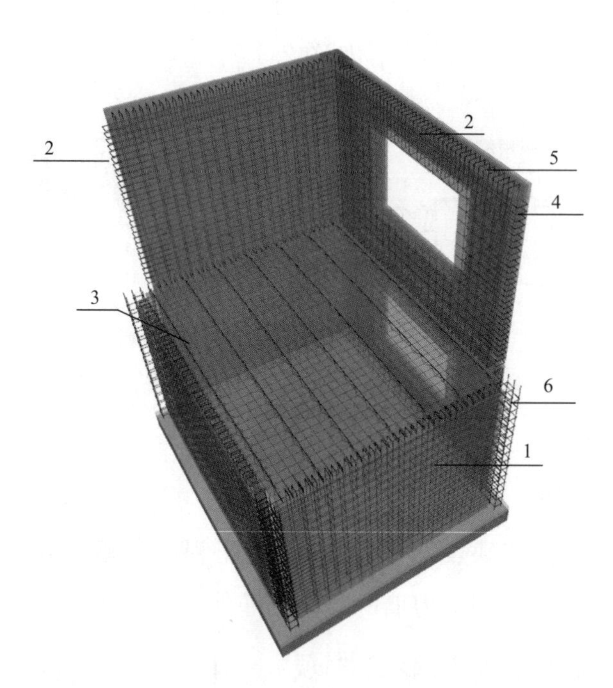

图 2.2-1 装配式环筋扣合锚接混凝土剪力墙结构

1—预制环形钢筋混凝土内墙；2—预制环形钢筋混凝土外墙；3—预制环形钢筋混凝土叠合楼板；4—水平环形钢筋；5—竖向环形钢筋；6—纵向钢筋

预制环形钢筋混凝土内、外墙一般采用平面“一”字形，内、外墙结构层的厚度不宜小于 140mm，且要求双向配筋；当需要设计外墙外保温时，预制环扣外墙的保温层厚度应根据计算确定；保护层厚度不宜小于 50mm，上下层预制环形钢筋内、外墙

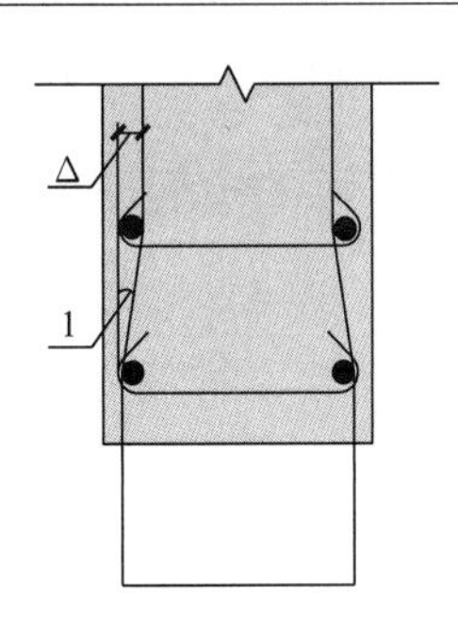

图 2.2-2　剪力墙上下两端钢筋弯起
1—钢筋弯起

连接暗梁两端处、楼层内预制环形钢筋内、外墙连接暗柱两端处环形箍筋应加密；上下层预制环形钢筋混凝土内、外墙连接时宜采用环形钢筋端部扩大的形式，如图 2.2-2。

环形钢筋混凝土楼板的预制层钢筋骨架宜采用由上弦筋、下弦筋及斜筋组成的三角形钢筋桁架，且预制层厚度不应小于 70mm，后浇层厚度不应小于 60mm，预制层的起拱高度，应根据计算确定，如图 2.2-3 所示。

预制环形钢筋混凝土楼梯的梯段与平台板宜整体预制，梯段板和平台板的厚度不宜小于 120mm。如图 2.2-4 所示。

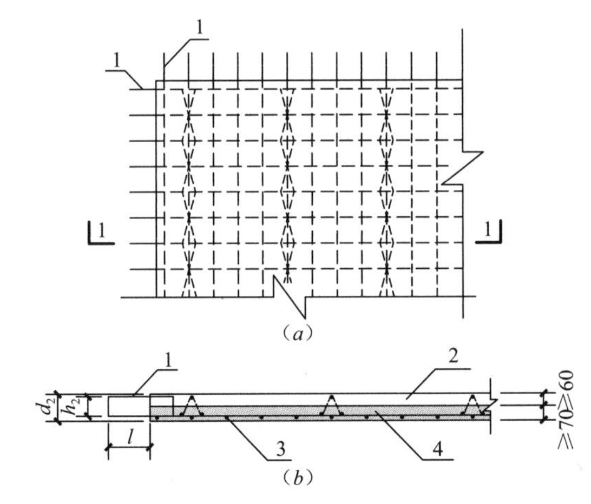

图 2.2-3　环形钢筋桁架混凝土叠合楼板
(a) 钢桁架预制楼板；(b) 1-1 剖面图
1—环形钢筋；2—叠合楼板现浇部分；3—板底钢筋；4—叠合楼板预制部分

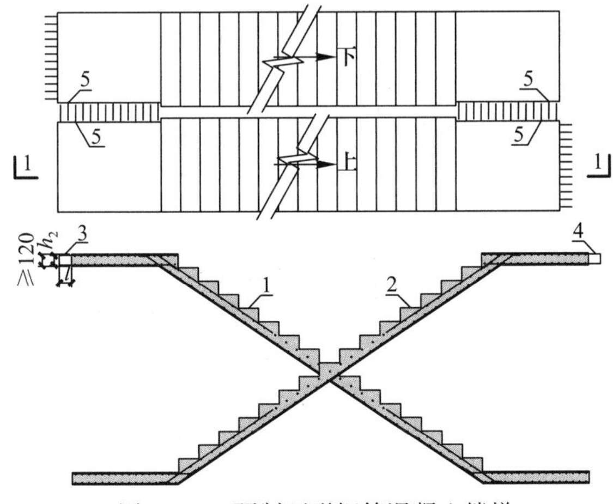

图 2.2-4　预制环形钢筋混凝土楼梯
1—左梯段；2—右梯段；3—左梯段休息平台环形钢筋；4—右梯段休息平台环形钢筋；
5—梯段休息平台内侧环形钢筋

上下层相邻环形钢筋混凝土剪力墙竖向连接时，剪力墙两端预留的环形钢筋应交错连接，并在其形成的封闭环内插入四根纵向钢筋，如图 2.2-5 所示。

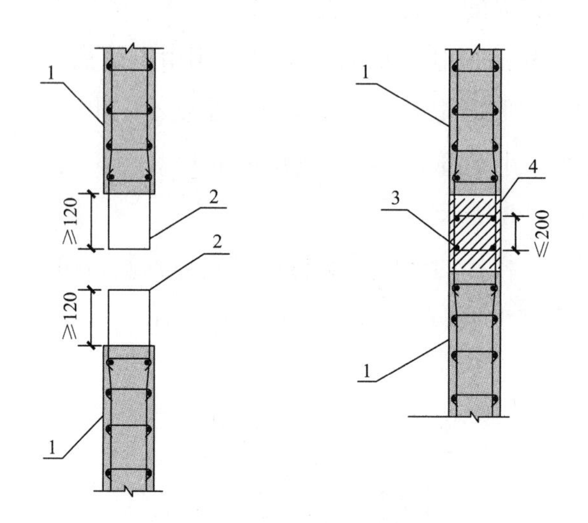

图 2.2-5 上下层相邻剪力墙的竖向连接

1—预制环形钢筋混凝土内外墙；2—环形钢筋；3—扣合连接筋；4—后浇段

楼层内预制环形钢筋混凝土内、外墙水平连接可分为一字形连接、T 形连接、L 形连接、十字形（图 2.2-6）等构造形式，其中环形闭合钢筋露出部分上部放置的环状箍筋宜与两侧的半环状钢筋互相交接。如图 2.2-6 所示。

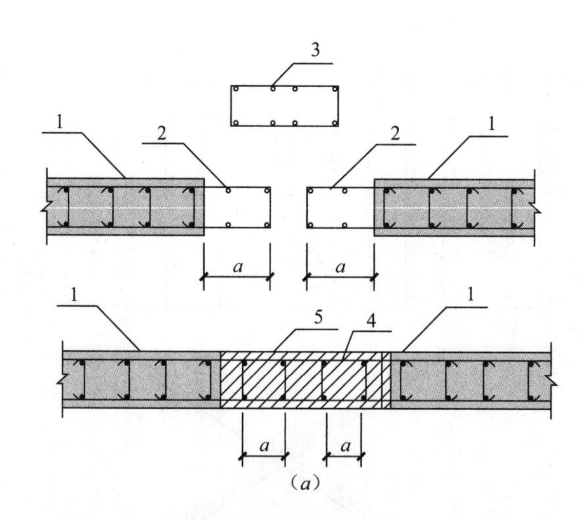

图 2.2-6 楼层内预制环形钢筋混凝土内、外墙连接构造（一）

（a）一字形连接

1—预制环形钢筋混凝土内、外墙；2—环形钢筋；3—封闭箍筋；4—扣合连接筋；5—后浇段

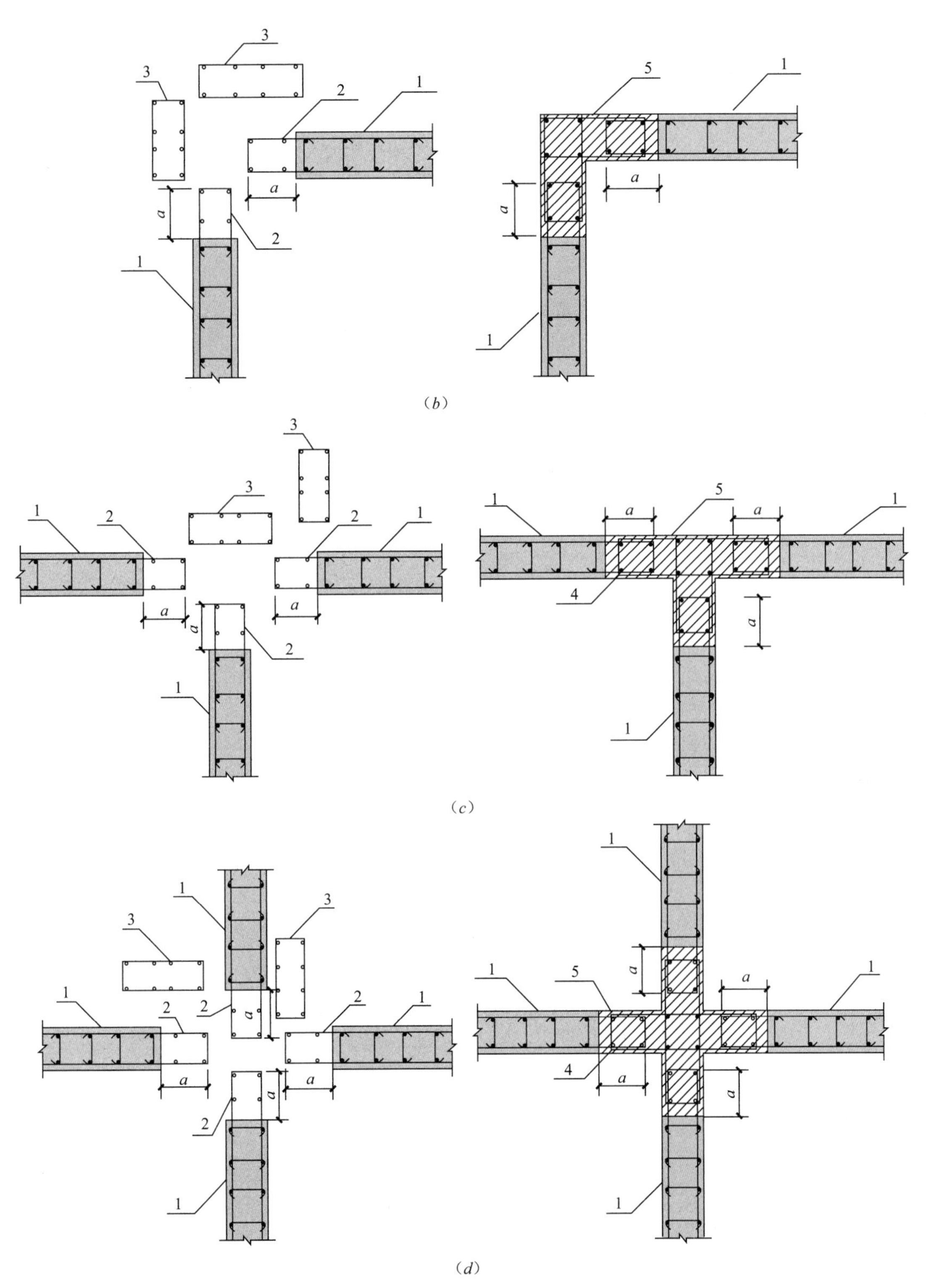

图 2.2-6　楼层内预制环形钢筋混凝土内、外墙连接构造（二）

(*b*) L形连接；(*c*) T形连接；(*d*) 十字形连接

1—预制环形钢筋混凝土内、外墙；2—环形钢筋；3—封闭箍筋；4—扣合连接筋；5—后浇段上下层预制环形钢筋混凝土剪力墙与楼板的连接可分为单侧楼板连接和双侧楼板连接，楼板的外露钢筋与墙体的外露钢筋平面位置应交错设置。如图 2.2-7 所示。

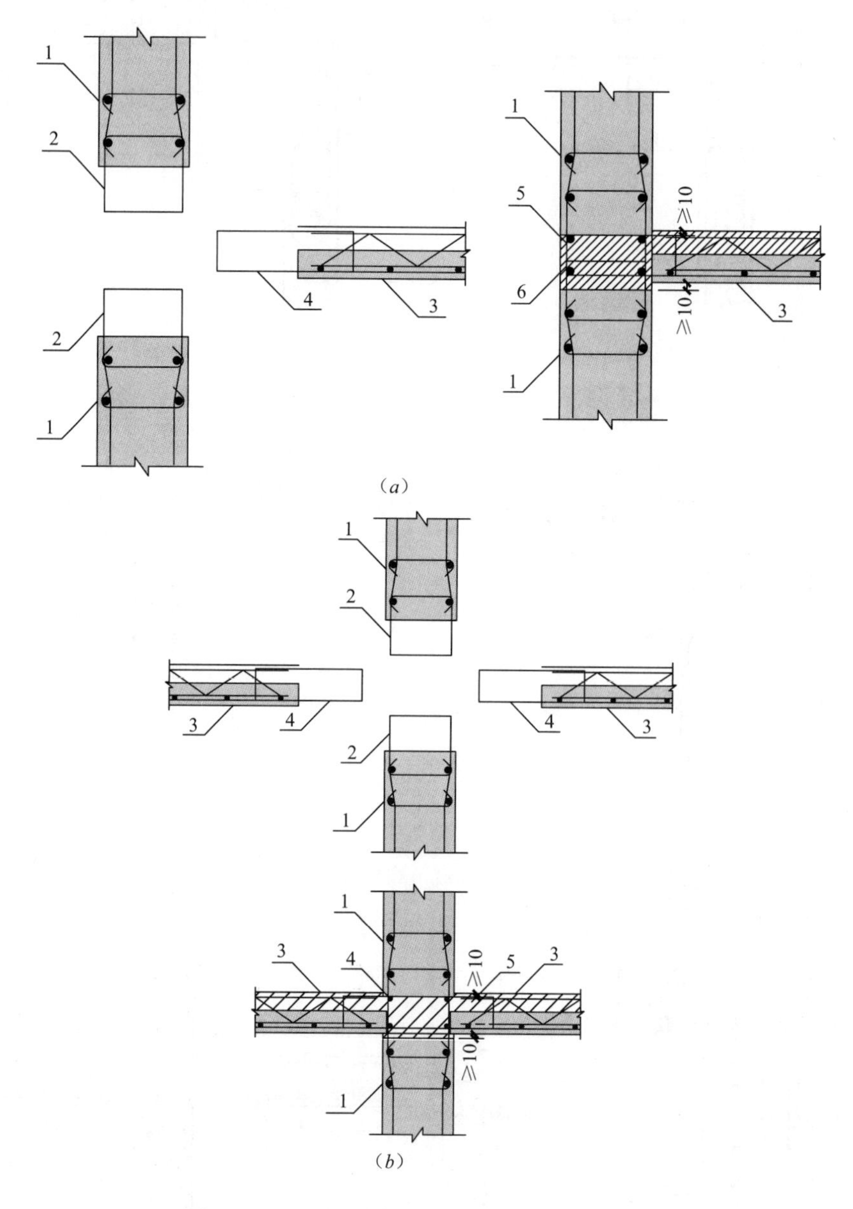

图 2.2-7 上下层预制环扣外墙与楼板连接构造

(a) 单侧楼板；(b) 双侧楼板

1—预制环形钢筋混凝土外墙；2—剪力墙外墙环形钢筋；3—环形钢筋混凝土叠合楼板；4—叠合楼板环形钢筋；5—扣合连接筋；6—后浇段

预制环形钢筋混凝土楼梯和预制环形钢筋混凝土内、外墙之间的连接时，楼梯平台之间的连接宜将环形钢筋交错布置，且交错部位应后浇混凝土。如图 2.2-8 所示。

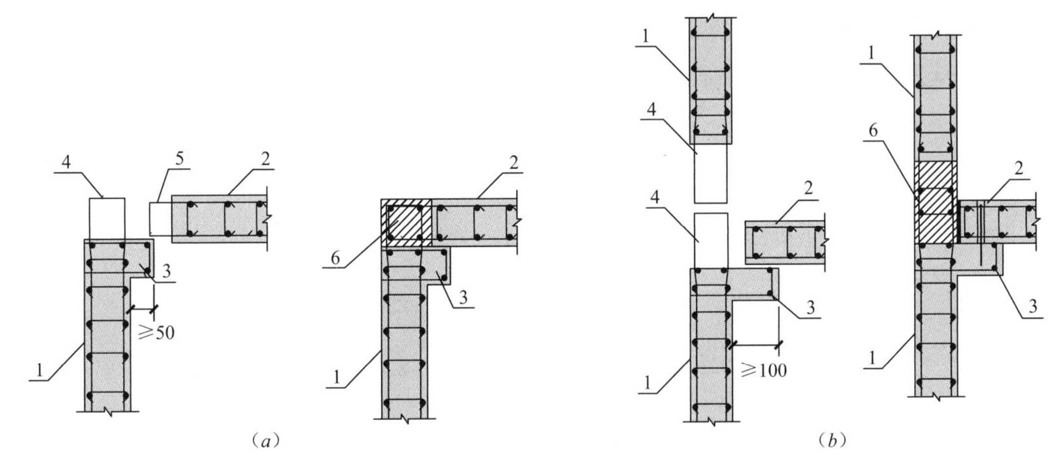

图 2.2-8 预制环形钢筋混凝土楼梯和预制环形钢筋混凝土内、外墙之间的连接

(a) 楼梯平台板上端与墙体连接；(b) 楼梯平台板下端与墙体连接

1—预制环形钢筋混凝土内外墙；2—预制环形钢筋混凝土楼梯下端平台板；3—挑耳；4—剪力墙环形钢筋；5—楼梯平台板环形钢筋；6—后浇段

2.3 现浇节点施工

2.3.1 水平现浇节点施工步骤

(1) 墙体水平节点钢筋绑扎

每片剪力墙就位完成后，应及时穿插水平接缝处纵向钢筋，水平纵向钢筋分段穿插，采用搭接连接，有防雷接地要求的采用搭接焊接，搭接长度应符合设计要求。填充墙顶部叠合梁上部纵向钢筋穿插锚入两边墙体或现浇柱内。

钢筋穿插到位后及时绑扎牢固。水平钢筋绑扎示意图如图 2.3-1，6 层以下由于不设外保温层，水平缝外层设置定型钢板模作为外模板，在钢筋绑扎验收完毕后进行合模，6 层以上外侧模板利用剪力墙下层顶部预留现浇缝高度的保温与保护层作为外模板，

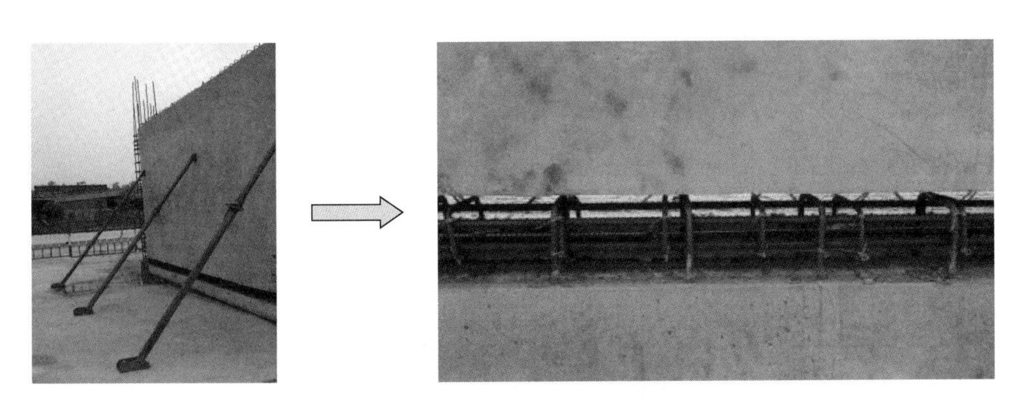

图 2.3-1 水平接缝钢筋穿筋绑扎示意图

不再设置钢模板。由于外侧保温层替代模板阻挡，提前封模，无法进行遮挡部分钢筋绑扎处，从墙内侧放入X形弹性支撑，支设间隔400，将纵向钢筋撑开固定在环筋扣合锚接闭合环内的四角，对处在现浇柱部分及能够绑扎部分的水平纵筋与竖向环筋进行绑扎连接。

墙体转角处水平钢筋弯折锚入现浇暗柱内，如图2.3-2所示。

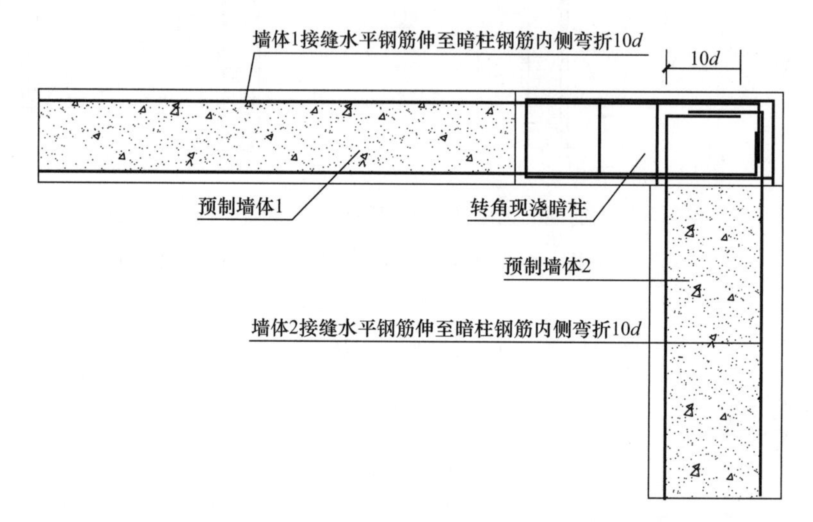

图2.3-2 墙体转角处水平钢筋弯折锚示意图

（2）叠合板钢筋绑扎

根据设计图纸布设线管，做好线管与预制构件预留线管的连接。待机电管线铺设、连接完成后，根据在叠合板上方钢筋间距控制线进行钢筋绑扎，保证钢筋搭接和间距符合设计要求。同时利用叠合板桁架钢筋作为上层钢筋的马凳，确保上层钢筋的保护层厚度。

叠合板之间接缝200mm宽，采用预留“U”形钢筋相互扣合锚接，内部穿纵向钢筋，连接构造如图2.3-3所示。

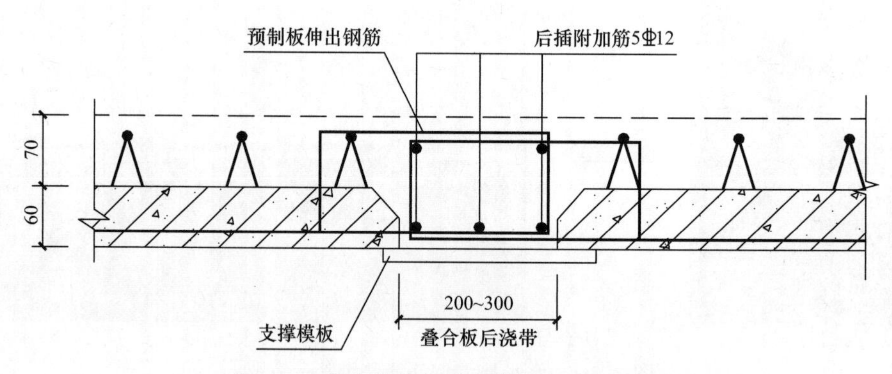

图2.3-3 叠合楼板与叠合楼板水平连接构造

卫生间、厨房等位置局部降板处节点构造如图 2.3-4 所示。

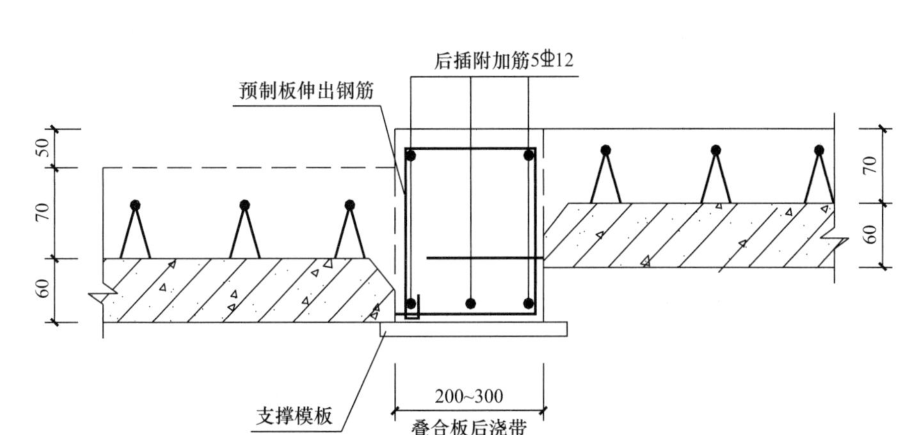

图 2.3-4 卫生间等位置局部降板处节点构造

（3）叠合板接缝处模板支撑

接缝处模板采用 300mm 宽木模板，龙骨采用 40mm×80mm 方钢，竖向支撑采用承插式钢管脚手架支撑或吊模支撑方式。

竖向支撑立杆间距 1.2m，水平杆步距 1.8m，与叠合板临时支撑架体连成整体。由于内侧叠合板后浇筑标高比墙体水平暗梁上面标高高出 10mm，故剪力墙水平构造节点只需要安装外侧模板即可，6 层以下外模板采用钢模板或木模板，采用内拉式固定，6 层以上采用外墙预制的保温和保护层预留模板作为模板。

（4）叠合板及墙体水平接缝浇筑

首先浇筑上下层墙体连接处，采用微膨胀混凝土，强度等级比预制混凝土剪力墙强度高一个等级。叠合板浇筑时，为了保证叠合板及支撑受力均匀，采取从四周向中间对称浇筑，连续施工，一次完成。同时使用平板振动器振捣，确保振捣密实。根据楼板标高控制线，控制板厚；浇筑时采用 2m 刮杠将其刮平，随即进行抹面及拉毛处理。浇筑完毕后立即进行养护，养护时间不得少于 7d。

叠合板浇筑完成，现浇部分强度达到 1.2MPa 后，可以进行竖向现浇节点施工。

2.3.2 竖向现浇节点施工步骤

竖向现浇节点施工流程为：构件清理→校正预制剪力墙的 U 型钢筋→交叉放置边缘柱的箍筋→边缘柱的竖向钢筋连接→就位绑扎。

绑扎前将现浇边缘柱内的杂物及表面清理干净，并校正预制剪力墙的 U 型钢筋。绑扎前在预制墙上用粉笔标定边缘柱箍筋的位置，为了保证钢筋绑扎施工方便，首先将现浇边缘柱的箍筋按照标志的箍筋位置交叉放置在 U 型钢筋之间，放置时必须保证边缘柱加密区箍筋的数量。插入边缘柱的竖向钢筋，与下层钢筋直螺纹连接后，进行绑扎固定。墙体钢筋绑扎时，严格控制钢筋绑扎质量，保证暗柱钢筋与预制墙体U型钢筋、箍筋绑扎固定形成一体。

墙体模板采用定型钢模板，安装模板前将墙内杂物清扫干净，在模板下口抹砂浆找平层，解决地面不平造成浇筑时漏浆的现象，定型钢模与预制剪力墙接缝部位使用海绵条或1mm厚双面胶带密封。

（1）“一”字形现浇节点

两块预制剪力墙之间“一”字形现浇节点，采用内侧定型钢模板单侧支模；外侧预制的保温层和保护层一体化的“一”字形构件作为外模板，并布设增强方钢背楞，用防水对拉螺杆支撑固定模板，“一”字形节点模板支设如图2.3-5所示。

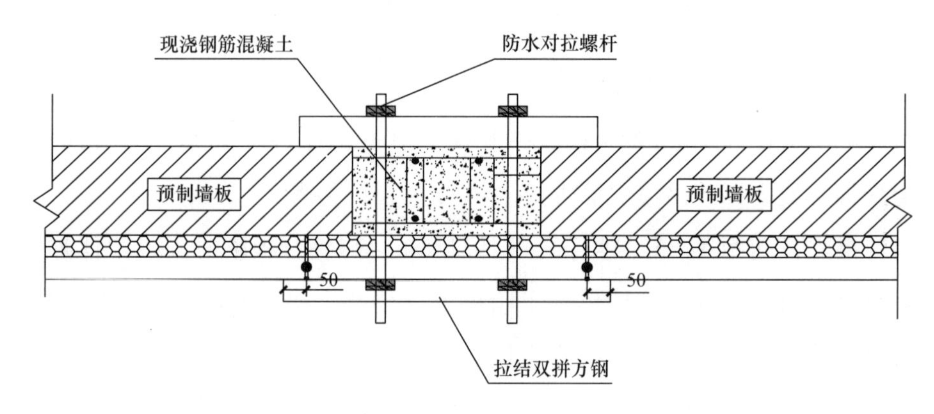

图2.3-5 “一”字形节点模板支设图

（2）“T”形现浇节点

两块预制剪力墙外墙与内墙之间“T”形现浇节点，现浇节点内侧采用L形模板单侧支模，剪力墙外侧采用预制的保温层和保护层一体化的“一”字形构件作为外模板，并布设增强方钢背楞，用防水对拉螺杆支撑固定模板，“T”形现浇节点模板支设如图2.3-6所示。

（3）“L”形现浇节点

预制剪力墙外墙转角处两块预制剪力墙之间“L”形现浇节点，现浇节点内侧采用标准角模，剪力墙外侧采用预制的保温层和保护层一体化的“L”字形构件作为外模板，并布设增强方钢背楞，用防水对拉螺杆支撑固定模板，“L”形现浇节点模板支设如图2.3-7所示。

（4）“十”字形现浇节点

内墙“十”字形现浇节点四面采用四块标准角模，对拉螺栓支撑固定模板。

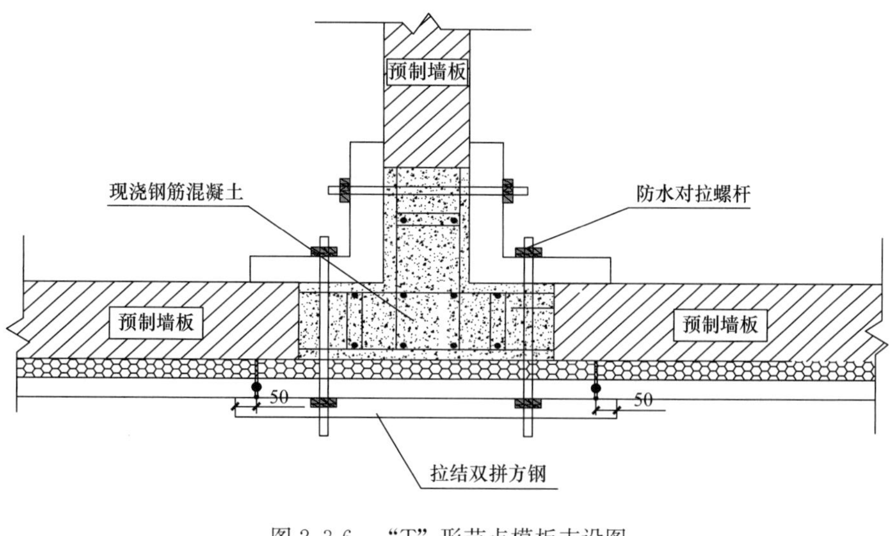

图 2.3-6 “T”形节点模板支设图

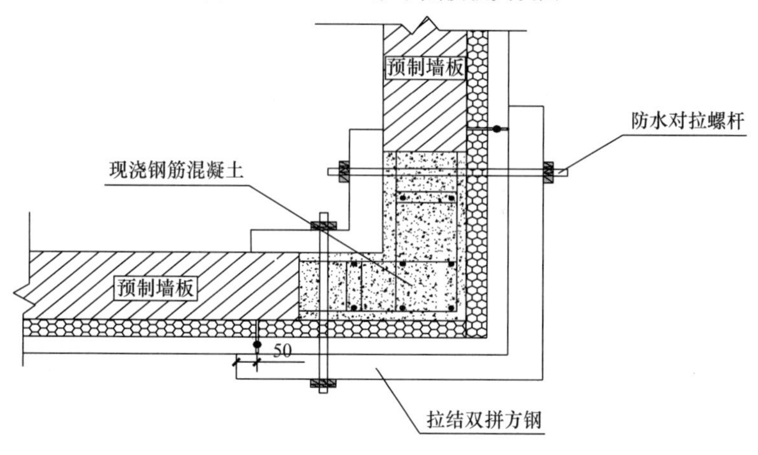

图 2.3-7 “L”字形节点模板支设图

对于这种新型的装配式住宅结构体系及其构件连接形式，应开展较为充分的研究，以期实现规范制定及工程实践，所以中国建筑第七工程局有限公司的科研团队联合哈尔滨工业大学空间结构实验室对装配式环筋扣合锚接混凝土剪力墙结构进行了一系列的试验研究，包括剪力墙构件的钢筋锚固试验、平面外抗折试验、拟静力试验、足尺子结构拟静力及拟动力试验等研究，以验证上述所提出剪力墙结构的合理性、装配高效性，以期达到工程示范的目的。

3 环筋扣合锚接节点钢筋锚固性能试验研究

钢筋与混凝土能够共同工作的基本条件有两点：钢筋与混凝土之间有良好的粘结锚固力、钢筋与混凝土的线膨胀系数基本相同。钢筋与混凝土之间的粘结锚固作用由三部分组成：水泥胶体与钢筋表面的胶结力；钢筋与混凝土之间的摩擦力；钢筋和混凝土之间的咬合力。其中，咬合力是粘结锚固作用的主要成分。为了保证钢筋强度在混凝土中的充分利用，必须有足够锚固长度。足够的钢筋锚固长度是使钢筋与混凝土之间具有足够的粘结力的重要条件。钢筋锚固长度的不足可能使结构丧失承载力，从而产生倒塌等灾难性后果，而钢筋锚固长度过长又会引起施工困难、材料浪费等。

近年来随着多高层以及各种新型结构数量的增加，加之预制装配式结构的发展，传统的锚固已渐渐不适应当前建筑结构的发展，因此，对这些新型锚固形式中钢筋的锚固性能开展研究，对于新型体系的工程实施具有重要意义。《混凝土结构设计规范》GB 50010—2010 中的条文 8.3.1 规定：当计算中充分利用钢筋的抗拉强度时，普通受拉钢筋的锚固长度应满足：

$$l_{ab} = \alpha \frac{f_y}{f_t} d$$

式中 l_{ab}——受拉钢筋的基本锚固长度；

f_y——普通钢筋的抗拉强度设计值；

f_t——混凝土轴心抗拉强度设计值，当混凝土强度等级高于 C60 时，按 C60 取值；

d——锚固钢筋的直径；

α——锚固钢筋的外形系数。

受拉钢筋的锚固长度应根据锚固条件按下列公式计算，且不应小于 200mm：

$$l_a = \zeta_a l_{ab}$$

式中 l_a——受拉钢筋的锚固长度；

ζ_a——锚固修正系数。

显然，该规定所适用的情况与本项目拟研究的装配式环筋扣合锚接混凝土剪力墙体系的连接方式是有本质不同的，故本试验开展了装配式环筋扣合锚接混凝土剪力墙体系连接节点的钢筋锚固试验，以考察该锚固连接形式中纵向受力钢筋的锚固能力。

3.1 试验方案设计及试件制作

本试验共计开展24个试件的节点钢筋锚固性能试验研究，试件由混凝土立方体墩和上部连接端板组成。所有24个试件的外形尺寸相同：试件高670mm，宽500mm，厚200mm；上部连接端板长260mm，宽150mm，厚20mm，如图3.1-1所示。

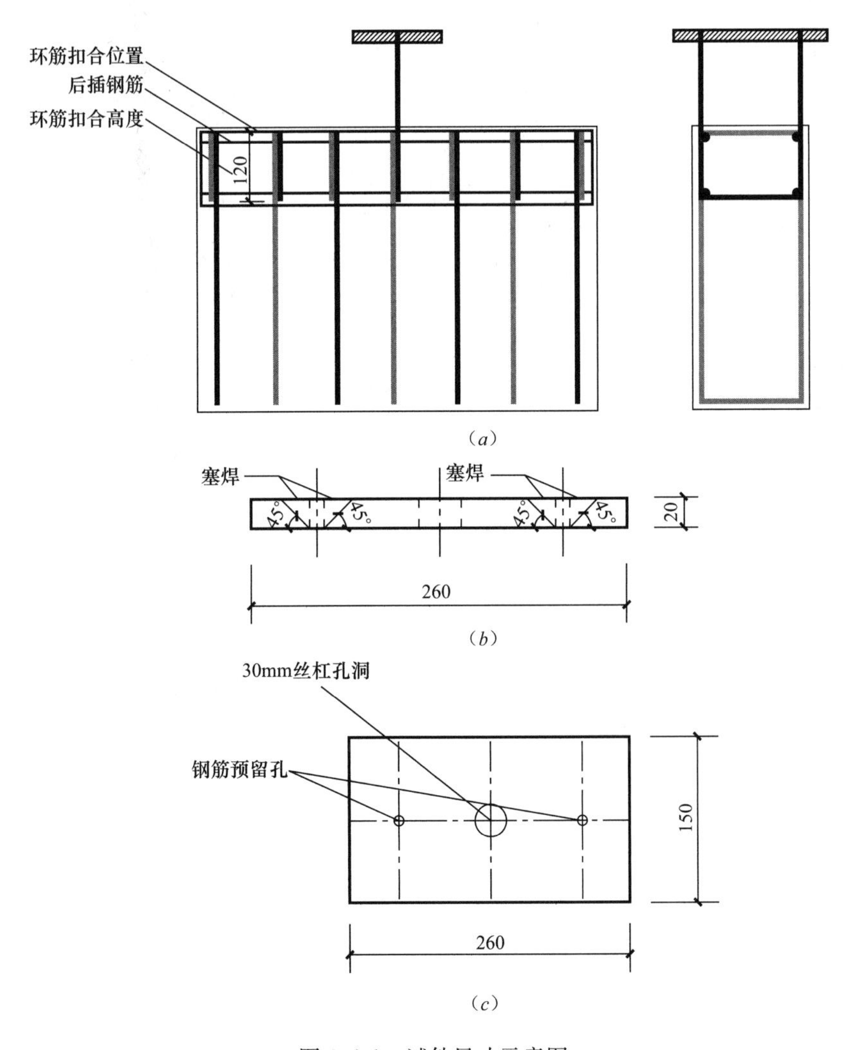

图3.1-1 试件尺寸示意图

(*a*) 试件正视图、侧视图；(*b*) 正视图端板尺寸；(*c*) 俯视图端板尺寸试验的主要参数为：横向插筋直径、环筋位置、环筋扣合长度。根据试验参数，将试件分为四组：基准组、第Ⅰ组、第Ⅱ组、第Ⅲ组，考虑到混凝土材料及试验结果的离散型，每组对应参数的试件均制作三个。试件分组及编号见表 3.1-1。

研究这些试件的破坏形式、钢筋的极限荷载和内部钢筋的荷载—应变变化规律，同时通过不同试件的对比分析，讨论环筋扣合位置、环筋扣合长度及插筋直径对节点锚固性能的影响。

试件分组及编号 **表 3.1-1**

组别	分布筋/mm	水平插筋直径/mm	环筋位置	环筋扣合长度/mm	试件个数	试件编号
基准组	10	10	均布	120	3	J-1(2)(3)
第Ⅰ组	10	10	相邻	120	3	Ⅰ-1(2)(3)
第Ⅱ组	10	10	均布	90	3	Ⅱ-1-1(2)(3)
	10	10	均布	150	3	Ⅱ-2-1(2)(3)
	10	10	均布	230	3	Ⅱ-3-1(2)(3)
第Ⅲ组	10	8	均布	120	3	Ⅲ-1-1(2)(3)
	10	12	均布	120	3	Ⅲ-2-1(2)(3)
	10	14	均布	120	3	Ⅲ-3-1(2)(3)

试件的配筋示意图如图 3.1-2 所示。

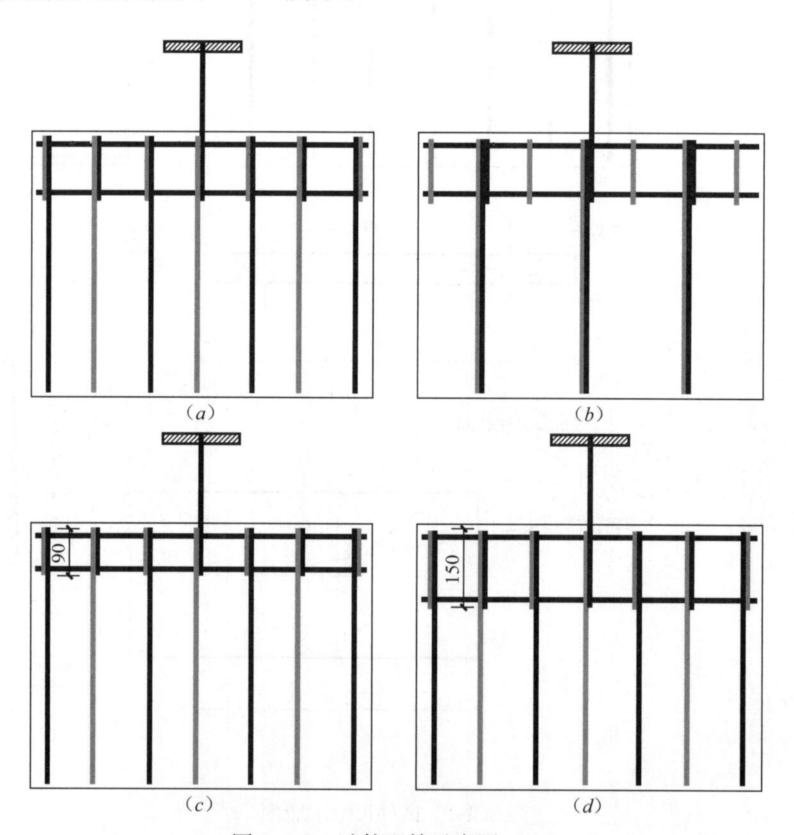

图 3.1-2 试件配筋示意图（一）

(*a*) 基准组；(*b*) 第Ⅰ组；(*c*) 第Ⅱ组 (1)；(*d*) 第Ⅱ组 (2)

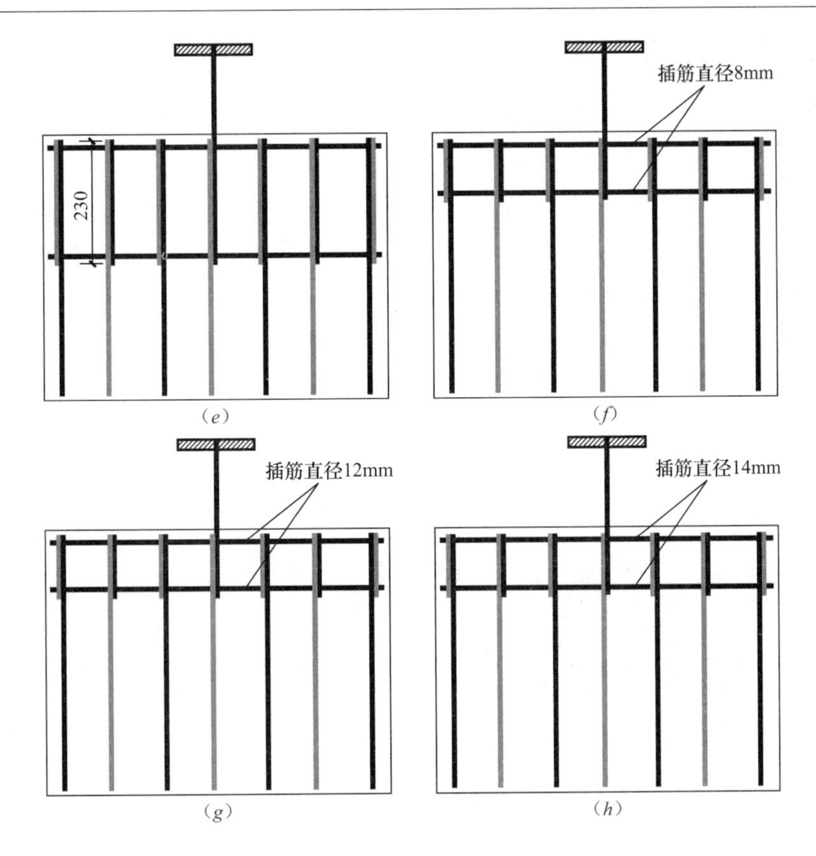

图 3.1-2 试件配筋示意图（二）

(*e*) 第Ⅱ组 (3)；(*f*) 第Ⅲ组 (1)；(*g*) 第Ⅲ组 (2)；(*h*) 第Ⅲ组 (3)

试件的制作按照“绑筋—支模—浇筑混凝土”的步骤进行。如图 3.1-3～图 3.1-5。

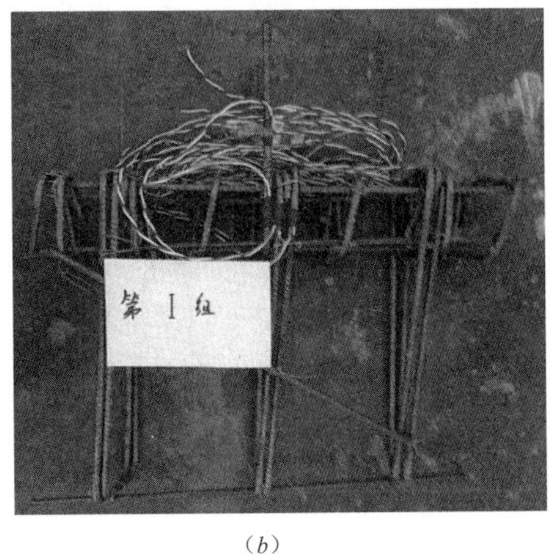

(*a*) (*b*)

图 3.1-3 试件绑筋图（一）

(*a*) 基准试件；(*b*) 第Ⅰ组

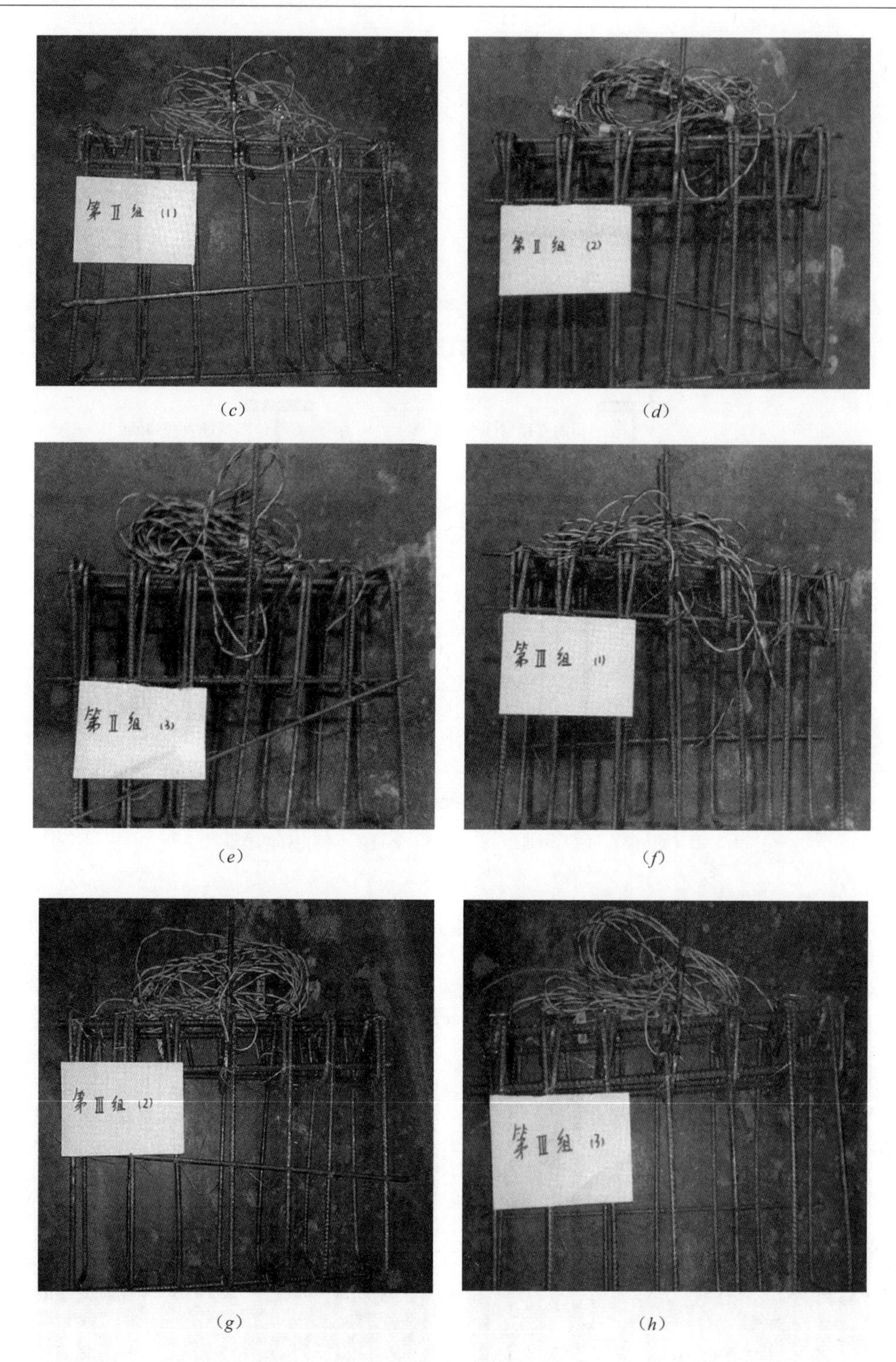

图 3.1-3 试件绑筋图（二）

(*c*) 第Ⅱ组（1）；(*d*) 第Ⅱ组（2）；(*e*) 第Ⅱ组（3）；(*f*) 第Ⅲ组（1）；
(*g*) 第Ⅲ组（2）；(*h*) 第Ⅲ组（3）

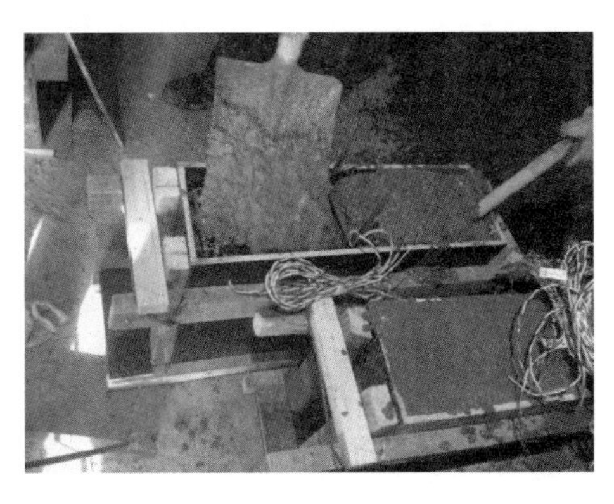

图 3.1-4 浇筑混凝土

(a)

(b)

图 3.1-5 成型试件图

(a) 试件正视图；(b) 试件俯视图

3.2 加载制度与量测内容

本试验的目的是获得不同参数下环筋扣合试件连接节点上钢筋的锚固性能，因此在试验时对试件上部与钢筋连接的端板施加垂直拉力即可。

试件的竖直方向采用拟静力单调加载，即单方向缓慢施加荷载，直至试件破坏。采用 30t 钢筋拉拔器对试件施加拉力，通过与拉拔器连接的力传感器量测施加力的大小。试验加载系统如图 3.2-1 所示。力的传递过程为钢筋拉拔器出缸，推动力传感器及端板向上移动，通过 30mm 丝杠将拉力施加到与钢筋相连的连接端板上，进而将力施加到钢筋上；钢筋拉拔器的反力由反力架提供。

应变片布置如图 3.2-2，用以采集钢筋应变数据，分析钢筋传力性能。荷载、应变数据均通过 DH5922 动态应变采集仪和 DHDAS 动态信号采集系统进行采集。

除基准试件外，其他试件只粘贴 1～12 位置的应变片，其中 5～8、9～12 为钢筋

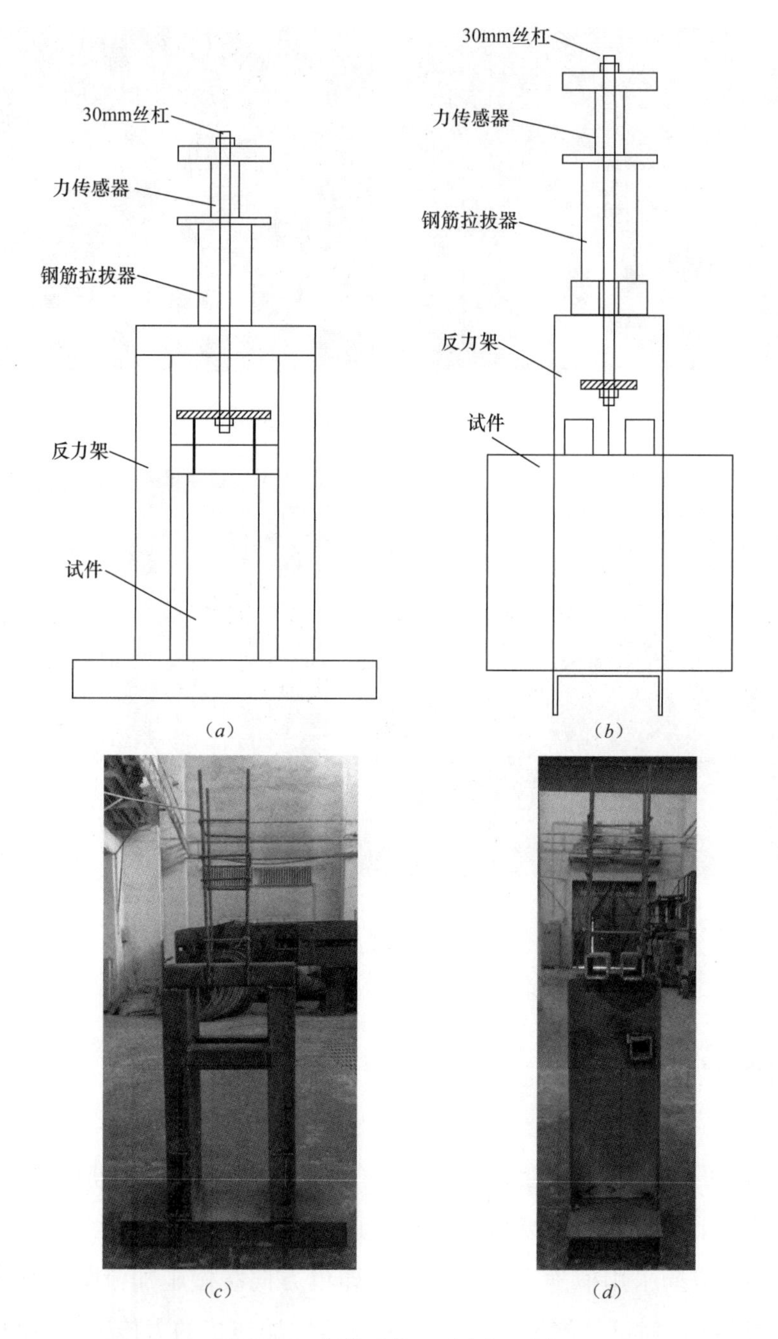

图 3.2-1 加载系统（反力架）图

(a) 加载图示正视图；(b) 加载图示侧视图；(c) 加载装置正视图；(d) 加载装置侧视图

伸出混凝土表面处一根钢筋四个方向上的应变片。

在进行数据处理时，取 5～8 号位置四个应变片的平均值为钢筋的应变，并命名为应变片 5；9～12 号位置四个应变片的平均值为钢筋的应变，并命名为应变片 6；13 号位置应变片命名为应变片 7；14 号位置应变片命名为应变片 8。

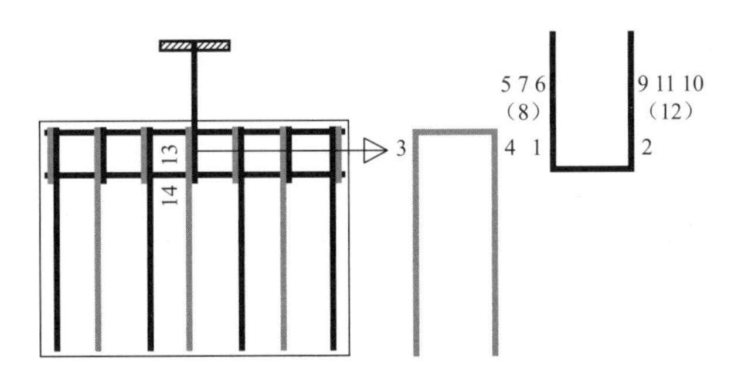

图 3.2-2 应变片粘贴位置示意

3.3 试验结果分析

3.3.1 破坏形式和极限荷载

表 3.3-1 列出了 4 组 24 个试件的破坏形式、极限荷载及每个分组试件破坏时峰值力的平均值。除了试件Ⅱ-1-1 和Ⅲ-2-1 由于钢筋与连接端板焊接不牢固导致焊缝破坏外，其他所有试件的破坏形式均为钢筋被拉断，因此这两个试件Ⅱ-1-1 和Ⅲ-2-1 不计入峰值力平均值的计算中，破坏现象如图 3.3-1 所示；混凝土产生的裂缝则是因为混凝土的开裂应变较低，当荷载增大到一定程度时，表面附近的钢筋应变较大，由于握裹力带动附近的混凝土产生开裂。

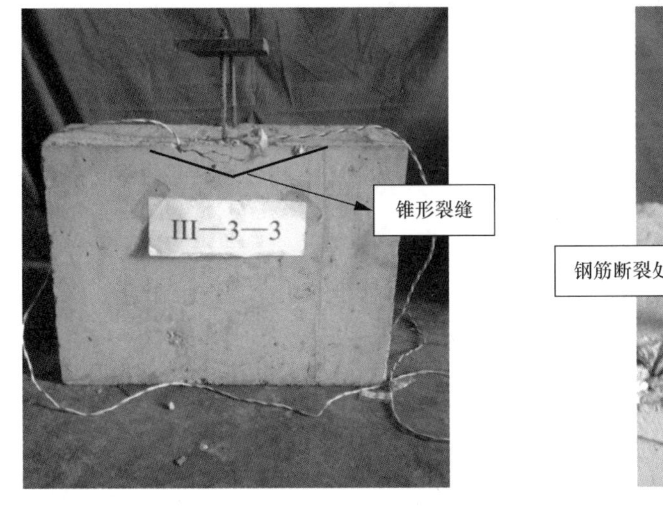

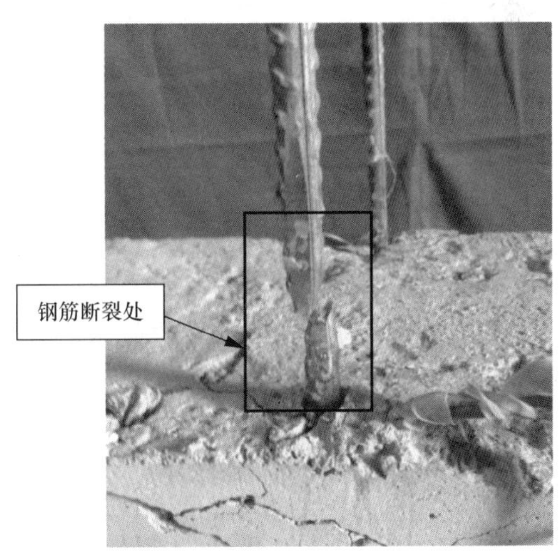

图 3.3-1 破坏现象

由钢筋材性试验获得的钢筋极限拉力平均值为 52kN，因此两根钢筋拉力的合力应大致为 104kN。表中列出峰值力平均值的变化范围处在 92.42kN 和 99.49kN 之间。结合试件的破坏形式，可判断环筋扣合锚接连接节点的锚固合理，在配筋合适的情况下，后插钢筋直径、环筋位置和环筋扣合长度对锚固的影响较小。

破坏工况 表 3.3-1

试件编号	破坏形式	峰值力（kN）	平均值
J-1	钢筋拉断	94.10	92.42
J-2	钢筋拉断	89.53	
J-3	钢筋拉断	90.65	
Ⅰ-1	钢筋拉断	97.72	96.61
Ⅰ-2	钢筋拉断	88.15	
Ⅰ-3	钢筋拉断	94.96	
Ⅱ-1-1	焊缝处破坏	88.58	99.49
Ⅱ-1-2	钢筋拉断	102.63	
Ⅱ-1-3	钢筋拉断	96.34	
Ⅱ-2-1	钢筋拉断	83.58	97.60
Ⅱ-2-2	钢筋拉断	95.57	
Ⅱ-2-3	钢筋拉断	99.62	
Ⅱ-3-1	钢筋拉断	99.61	98.72
Ⅱ-3-2	钢筋拉断	98.67	
Ⅱ-3-3	钢筋拉断	97.89	
Ⅲ-1-1	钢筋拉断	99.70	96.17
Ⅲ-1-2	钢筋拉断	95.91	
Ⅲ-1-3	钢筋拉断	92.89	
Ⅲ-2-1	焊缝处破坏	98.64	96.86
Ⅲ-2-2	钢筋拉断	102.60	
Ⅲ-2-3	钢筋拉断	92.12	
Ⅲ-3-1	钢筋拉断	90.39	93.75
Ⅲ-3-2	钢筋拉断	93.41	
Ⅲ-3-3	钢筋拉断	97.46	

3.3.2 荷载—应变曲线分析

图 3.3-2 即为所有组试件的荷载—应变曲线，其中基准组作为其他组的对比组从所有试件 5、6 号应变片的荷载—应变曲线中可以发现，随着荷载增加，钢筋上的应变先是呈直线递增变化趋势，当荷载增大到一定程度时，应变呈指数趋势增长，符合钢筋的本构变化，以基准组试件 J-1 为例，如图 3.3-2 所示。

从基准组 7、8 号应变片的荷载—应变曲线中可以发现，荷载的变化对上下侧插筋的应变影响很小，且下侧插筋在荷载增大到一定程度时才发生变化，说明插筋几乎不参与受力，以基准组试件 J-1 为例，如图 3.3-3 所示。

从所有试件 3、4 号应变片的荷载—应变曲线中可以发现，荷载的变化对环筋扣合节点倒“U”形部位的影响很小，以试件Ⅱ-1-1 为例，如图 3.3-4 所示。

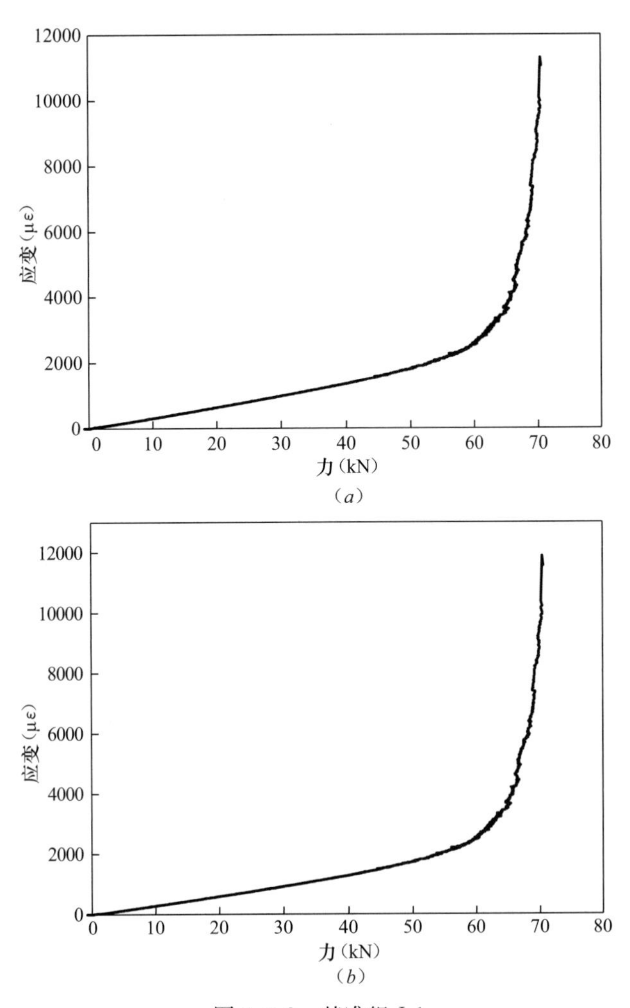

图 3.3-2 基准组 J-1

(a) 应变片 5；(b) 应变片 6

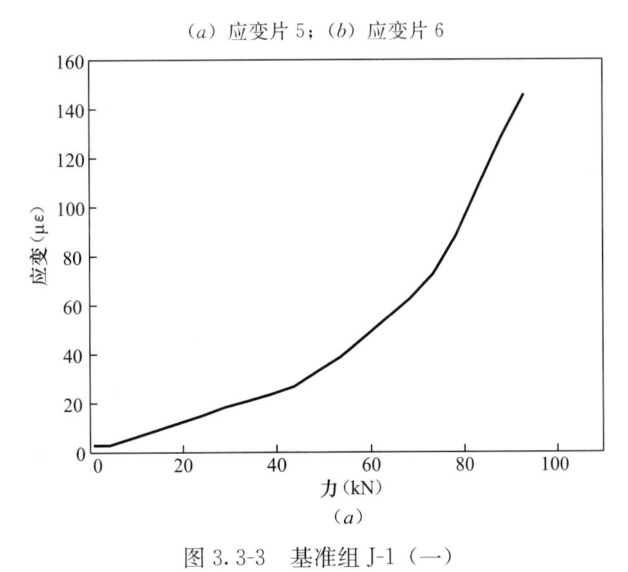

图 3.3-3 基准组 J-1（一）

(a) 应变片 7

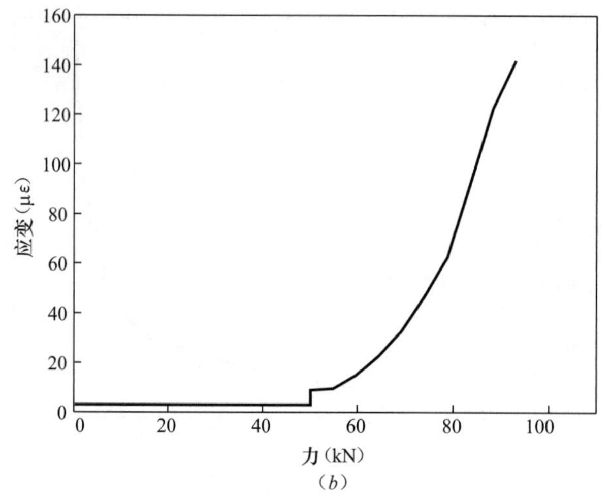

图 3.3-3 基准组 J-1（二）

(b) 应变片 8

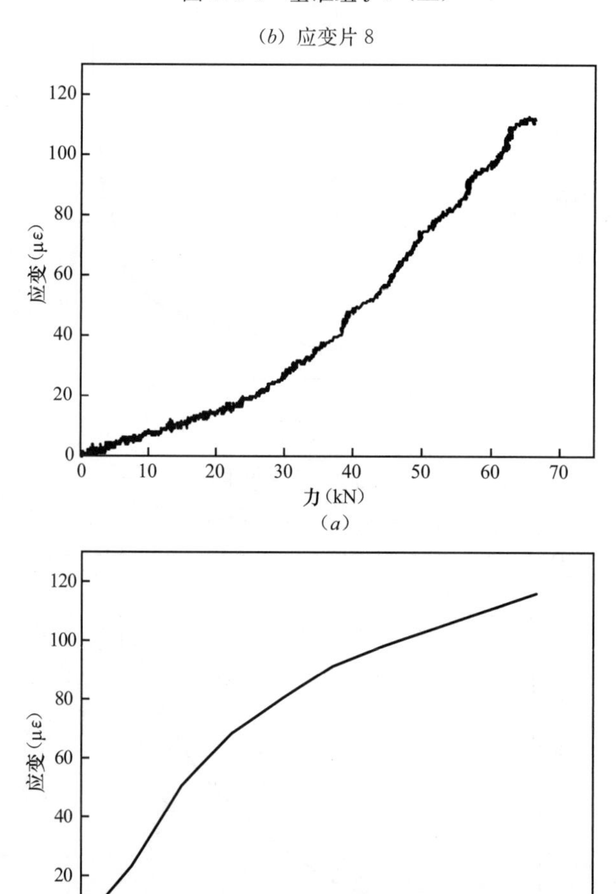

图 3.3-4 试件Ⅱ-1-1

(a) 应变片 3；(b) 应变片 4

第Ⅰ组试件的参数为环筋扣合的分布形式。对比基准组和第Ⅰ组试件可以发现，两组试件的破坏模式相同，对应位置的荷载—应变曲线变化趋势也相同，但1、2号应变片稍有差别：第Ⅰ组1、2号位置应变均较基准组稍大，如图3.3-5（见书后彩图）所示。根据第Ⅰ组试件的破坏形式和破坏荷载，可以说明环筋扣合相邻的分布方式的试件锚固性能良好，但基准组钢筋受到拉力时向环筋扣合部位传递的力更小，相较而言，基准组的排布方式，即环筋扣合均布的方式更好。

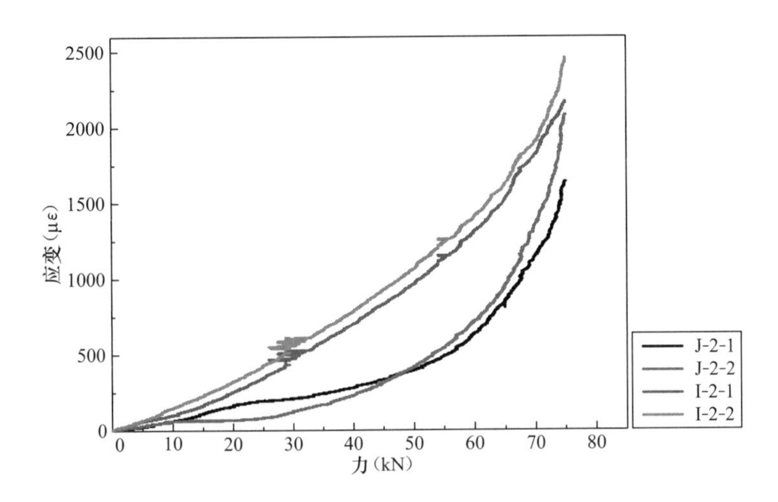

图3.3-5 基准组与第Ⅰ组1、2号位置荷载—应变曲线对比

第Ⅱ组试件的参数为环筋扣合高度。基准组与第Ⅱ组试件的1、2号应变片的荷载—应变曲线对比如图3.3-6（见书后彩图）所示。从图中可以看出，Ⅱ-1组、基准组、Ⅱ-2组1、2号应变片相同荷载下的应变值相似，但Ⅱ-3组的明显低于它们，即随着荷载的增大，传递到环筋扣合高度为90mm、120mm、150mm的试件环筋扣合处锚入混凝土内部的U形筋部位的荷载值相差不多，但环筋扣合高度为230mm的试件所传递的荷载较小，说明环筋扣合的高度越高，越有利于环筋扣合节点的锚固性能。

第Ⅲ组试件的参数为插筋直径。由于第Ⅲ组试件的破坏形式均相同，且峰值力可近似看作相等，结合从基准组得出的结论：插筋几乎不参与受力，可判断插筋直径对锚固性能的影响很小，在实际配筋时按照构造配筋即可。

3.4 小结

本试验对装配式环筋扣合锚接剪力墙体系中剪力墙的连接节点试件开展钢筋锚固性能试验，可以得到以下主要结论：

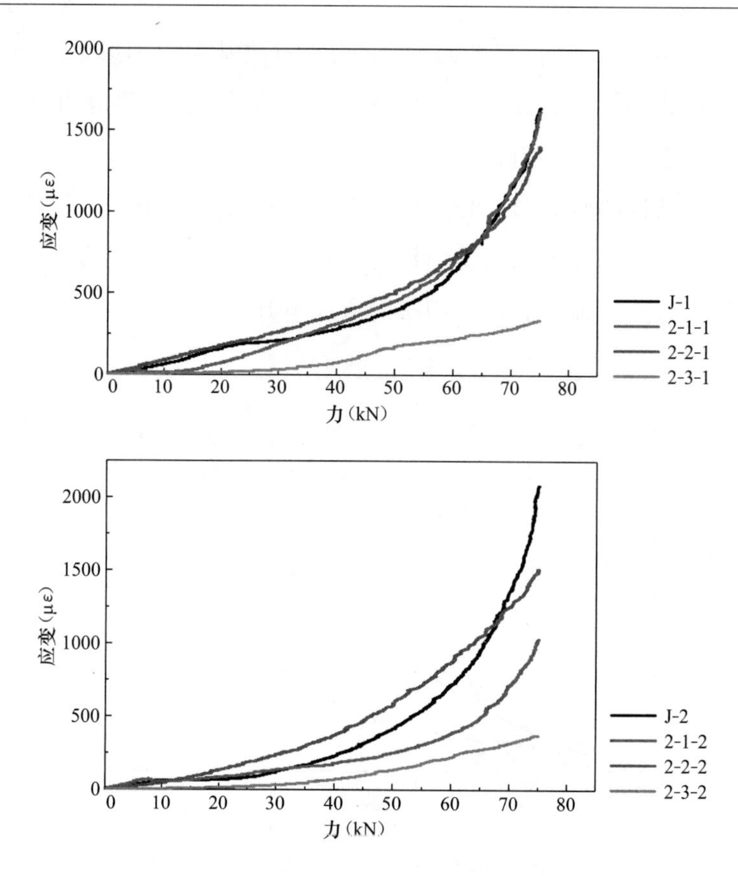

图 3.3-6 基准组与第Ⅱ组试件的 1、2 号应变片的荷载—应变曲线对比

(1) 试件的理论峰值力在 104kN 左右，每组试件峰值力的平均值在 90kN 到 100kN 之间，尚未达到理论峰值力，原因是因粘贴应变片打磨钢筋对钢筋造成了削弱，钢筋与端板连接时钢筋产生了变形等。

(2) 试验结果表明环筋扣合均布和环筋扣合相邻分布两种连接形式的试件锚固性能均良好，环筋扣合均匀分布试件的锚固性能稍优于环筋扣合相邻分布试件；环筋扣合高度对锚固性能有影响，环筋扣合高度越大的试件锚固性能越好，最佳环扣高度尚需试验进行确定；插筋直径对环筋扣合节点锚固性能影响很小；推荐环筋扣合高度为 120mm。

4 环筋扣合锚接剪力墙平面外抗折试验研究

和传统结构相比，预制装配式剪力墙结构有着生产效率高、生产成本低、建筑质量好、建筑垃圾少等优点，成为今后建筑生产的趋势所在。然而，预制装配式剪力墙之间的连接是装配式结构理论上的薄弱点，同现浇剪力墙结构以及装配式框架结构相比，装配式剪力墙结构中存在大量的水平接缝、竖向接缝以及节点，它们将预制构件连接成整体，使得整个结构具有足够的承载能力、刚度和延性，以及抗震、抗偶然荷载、抗风的能力。因此，节点和接缝的性能直接对结构整体性能有至关重要的影响，受力是否合理，施工是否方便，是预制装配式剪力墙技术的关键问题所在。

4.1 试验设计及试件制作

本章共包含 6 个试件的平面外抗折试验，试件由试验墙体和墙底的锚固地梁组成。试验墙体为矩形截面，外形尺寸相同：墙高 1106mm，墙宽 858mm，墙厚 200mm；地梁高度 400mm，地梁宽度 1400mm，地梁长度 1400mm，如图 4.1-1 所示。

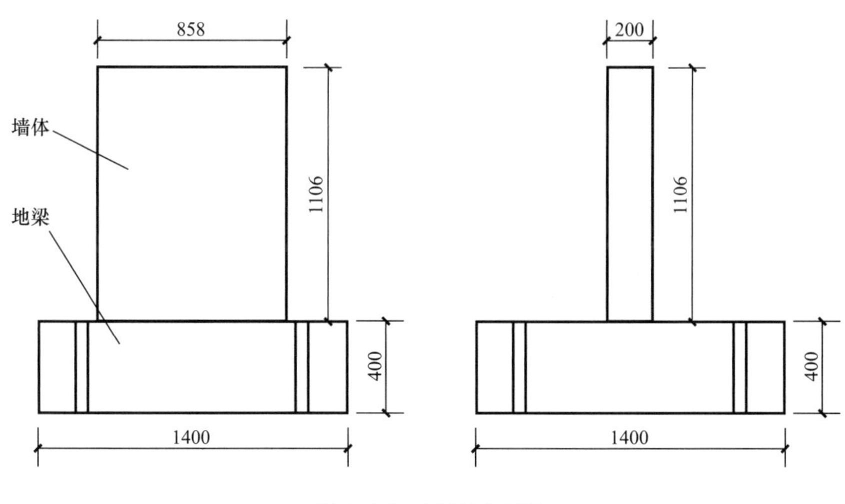

图 4.1-1 试件尺寸图

试件共分 2 组：现浇试件（纵筋搭接）和环筋扣合试件（箍筋加密），考虑到混凝土材料及试验结果的离散性，每组试件各制作三个。如图 4.1-2。

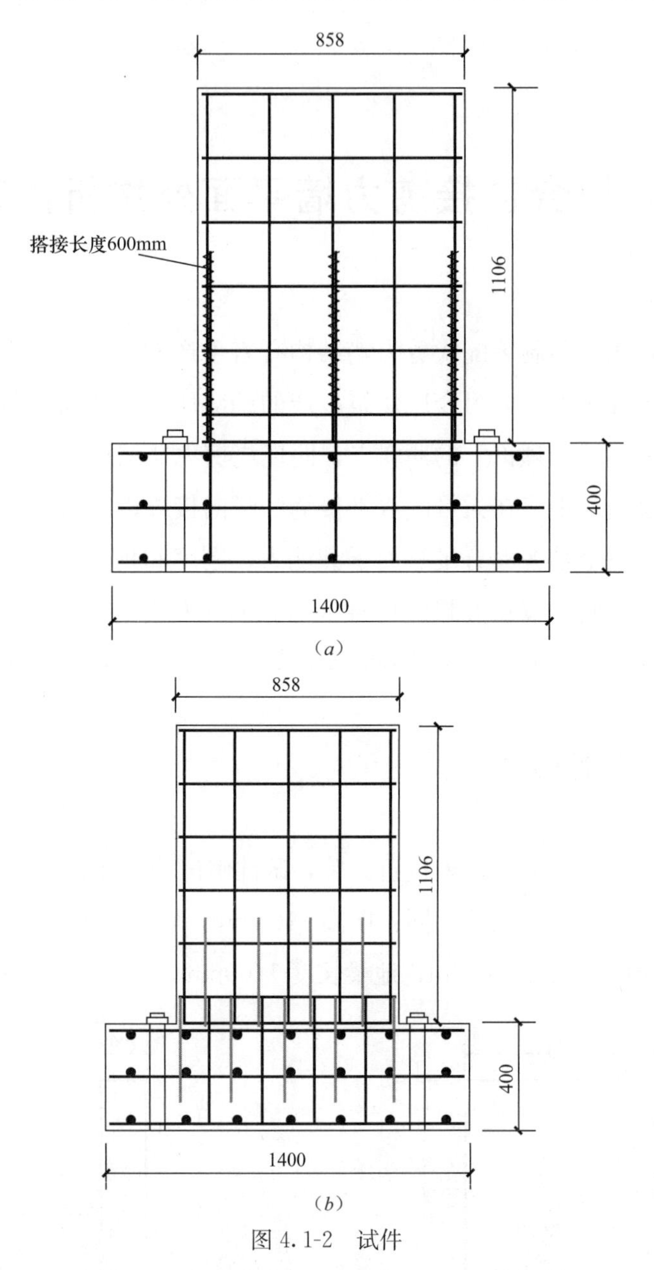

图 4.1-2 试件

(a) 现浇试件（纵筋搭接）；(b) 环筋扣合试件（箍筋加密）

现浇试件编号： XJ-1，XJ-2，XJ-3；

环筋扣合试件编号：HK-1，HK-2，HK-3。

4.2 加载制度与量测内容

本试验研究剪力墙试件的平面外抗折性能，因此选取在水平方向单方向加载的方式。试件的水平方向采用拟静力单调加载，即单方向缓慢施加水平荷载，直至试件破坏。通过 30t 液压千斤顶对试件顶部施加水平力，通过与千斤顶连接的力传感器量测施加力的大小。

试件的位移计布置相同，共 2 个位移计（W-1 和 W-2），其中试件顶部中间位置布置 1 个，用于量测顶部位移；地梁处布置一个位移计，用于量测地梁的平动。

应变片布置如图 4.2-1，用以采集钢筋应变数据，分析钢筋传力性能。

荷载、位移、应变数据均通过 DH5922 动态应变采集仪和 DHDAS 动态信号采集系统进行采集。试件试验现场整体布置如图 4.2-2。

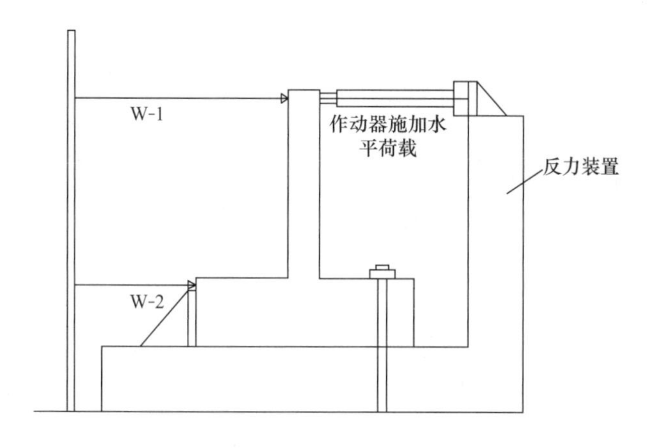

图 4.2-1 加载示意图及位移计布置图

图 4.2-2 试件试验现场整体布置

4.3 试验过程及现象

4.3.1 现浇试件

在试验过程中，现浇试件随着荷载及变形的增长，依次出现以下现象：初始裂缝、裂缝发展、峰值承载力、试件背部混凝土表皮脱落、承载力下降。以试件 XJ-2 为例，各个阶段的现象如图 4.3-1 所示。

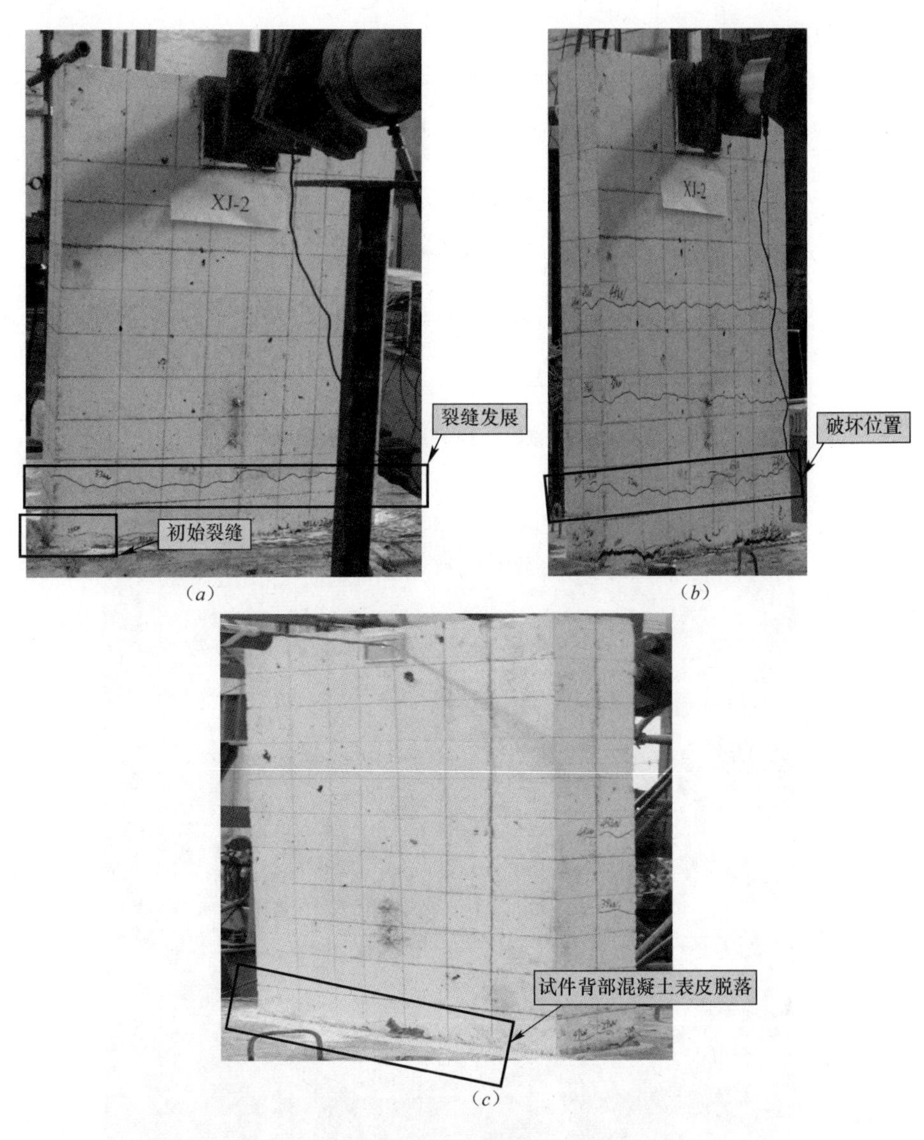

图 4.3-1 现浇试件破坏过程

(*a*) 裂缝产生及发展；(*b*) 峰值承载力，试件破坏；(*c*) 试件背部混凝土表皮脱落

4.3.2 环筋扣合试件

在试验过程中，环筋扣合试件随着荷载及位移的增长，呈现出的现象与现浇试件基本相同，依次出现初始裂缝、裂缝发展、峰值承载力、试件背部混凝土表皮脱落、承载力下降的现象，以试件 HK-2 为例说明。如图 4.3-2。

(a)

(b)

图 4.3-2 环筋扣合试件破坏过程

(a) 初始裂缝、裂缝发展、破坏位置；(b) 混凝土表皮脱落

4.3.3 现象对比

通过现象观察，可发现 2 组 6 个试件的破坏形式一致，均为受弯破坏；破坏现象基本相同，破坏过程都是初始裂缝、裂缝发展、峰值承载力、试件背部混凝土表皮脱落、承载力下降；但两种试件的破坏位置不同：现浇试件的破坏位置在试件底部与地

梁的连接处，环筋扣合试件的破坏位置在试件的中部。

现浇试件中除了 XJ-2 产生 4 条水平通缝外，其他试件均产生 3 条水平通缝，破坏位置均在试件与地梁连接处；环筋扣合试件除了 HK-3 产生 3 条水平通缝外，其他试件均产生 4 条水平通缝，破坏位置均在试件中部（箍筋加密区的上部）。在临破坏时，环筋扣合试件在环筋扣合部位的上部又出现一条通缝，出现通缝的原因是此处是试件的第二薄弱区域（如图 4.3-3 所示），当此处的弯矩增大到一定程度时，会在此区域继续发展裂缝，从而临破坏时又出现了新的通缝。

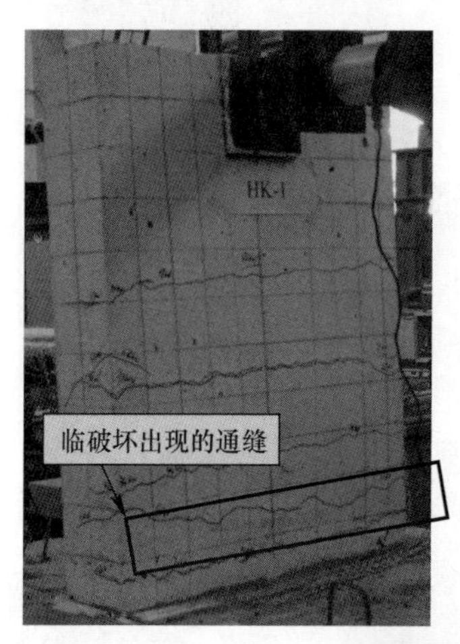

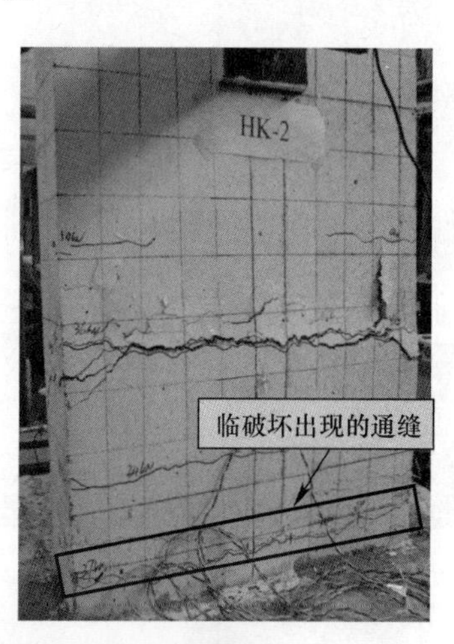

图 4.3-3 环筋扣合试件临破坏时出现的通缝

4.4 试验结果分析

4.4.1 破坏过程及极限荷载

二组试件的破坏过程相同，但破坏位置不同，原因现浇试件的底部与地梁的连接处是墙体的最薄弱截面，随着水平荷载的不断增大，此处的弯矩也越来越大，所以此处最先出现裂缝，也是最后的破坏位置；而环筋扣合试件的底部与地梁连接区域是环筋扣合部位，是整个试件的刚度最大的位置。随着水平荷载的不断增大，此处的弯矩最大，因此先产生裂缝，而后逐渐在上部位置产生通缝。箍筋加密截断的部位是试件的最薄弱截面，当荷载增大到一定程度时，较试件底部，此处先不能满足承载力要求进而出现开裂，随后裂缝逐渐增大，导致试件在此破坏。

表 4.4-1 列出了各试件出现裂缝时的荷载大小。通过表格可知，现浇试件出现第一层通缝时的荷载在 25kN 左右，出现第二层通缝时的荷载在 32kN 左右，出现第三层通缝时的荷载在 41kN 左右；环筋扣合试件出现第一层通缝时的荷载在 29kN 左右，出现第二层通缝时的荷载在 36kN 左右，出现第三层通缝时的荷载在 40kN 左右。

试件出现通缝时的荷载统计表　　表 4.4-1

试件编号	一层通缝出现时荷载大小/kN	二层通缝出现时荷载大小/kN	三层通缝出现时荷载大小/kN	四层通缝出现时荷载大小/kN	峰值力/kN	平均值/kN
XJ-1	25	33	41	—	47.2	48.3
XJ-2	25	33	39	45	50.7	
XJ-3	25	30	42	—	47.0	
HK-1	30	34	38	50	70.4	70.0
HK-2	27	34	38	50	68.6	
HK-3	30	42	44	—	73.1	

由于环筋扣合试件节点处采用箍筋加密的方式配筋，截面配筋率较现浇试件高，因此出现第一层通缝时环筋扣合试件的荷载要高于现浇试件；第二层通缝同样如此；环筋扣合试件和现浇试件在第三层通缝出现时的荷载相近、位置相近，原因是现浇试件和环筋扣合试件在第三层通缝处的配筋率相同。

现浇试件的峰值力平均值在 48.3kN，环筋扣合试件的峰值力平均值在 70.0kN，较现浇试件提高了 31%。

4.4.2 荷载—位移曲线

图 4.4-1（见书后彩图）给出了两种试件的荷载—位移曲线。可以看出两种试件的荷载—位移变化规律相似：现浇试件在 25kN 前的荷载—位移变化近似直线，环筋扣合试件在 30kN 前的荷载—位移变化近似直线。在直线区域，两种试件顶部的位移发展均较缓慢，且直线段均出现在达到第一层通缝出现时的荷载之前；第一层通缝出现后，试件顶部的位移发展速度逐渐加快。

对比两种试件的荷载—位移曲线，可以发现在相同荷载下环筋扣合试件的位移总小于现浇试件；现浇试件在 35kN 之后位移快速增长，而环筋扣合试件在 55kN 之后位移才快速增长。如图 4.4-2（见书后彩图）。

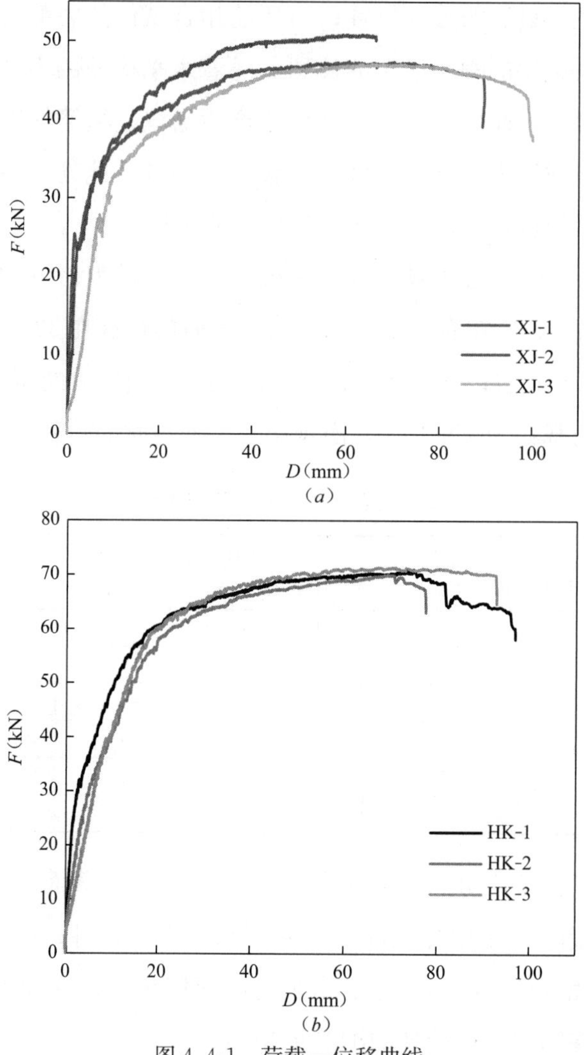

图 4.4-1　荷载—位移曲线

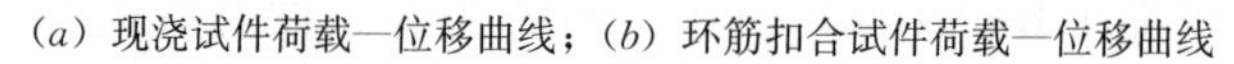
（a）现浇试件荷载—位移曲线；（b）环筋扣合试件荷载—位移曲线

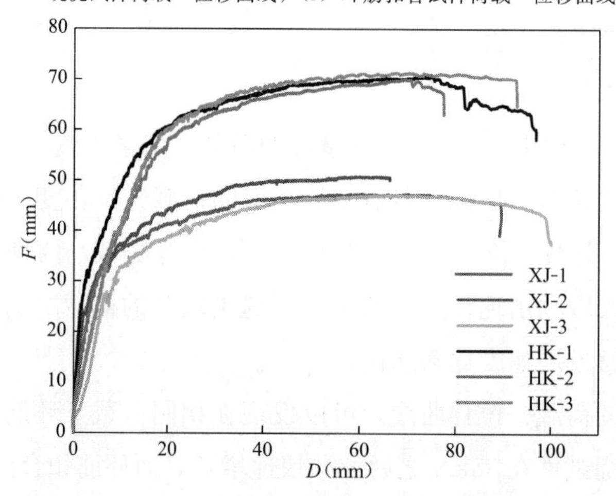

图 4.4-2　两种试件荷载—位移曲线对比

4.4.3 应变—位移曲线

试验过程中采集了纵向钢筋的实时应变，现以环筋扣合试件 HK-3 为例进行说明。如图 4.4-3。

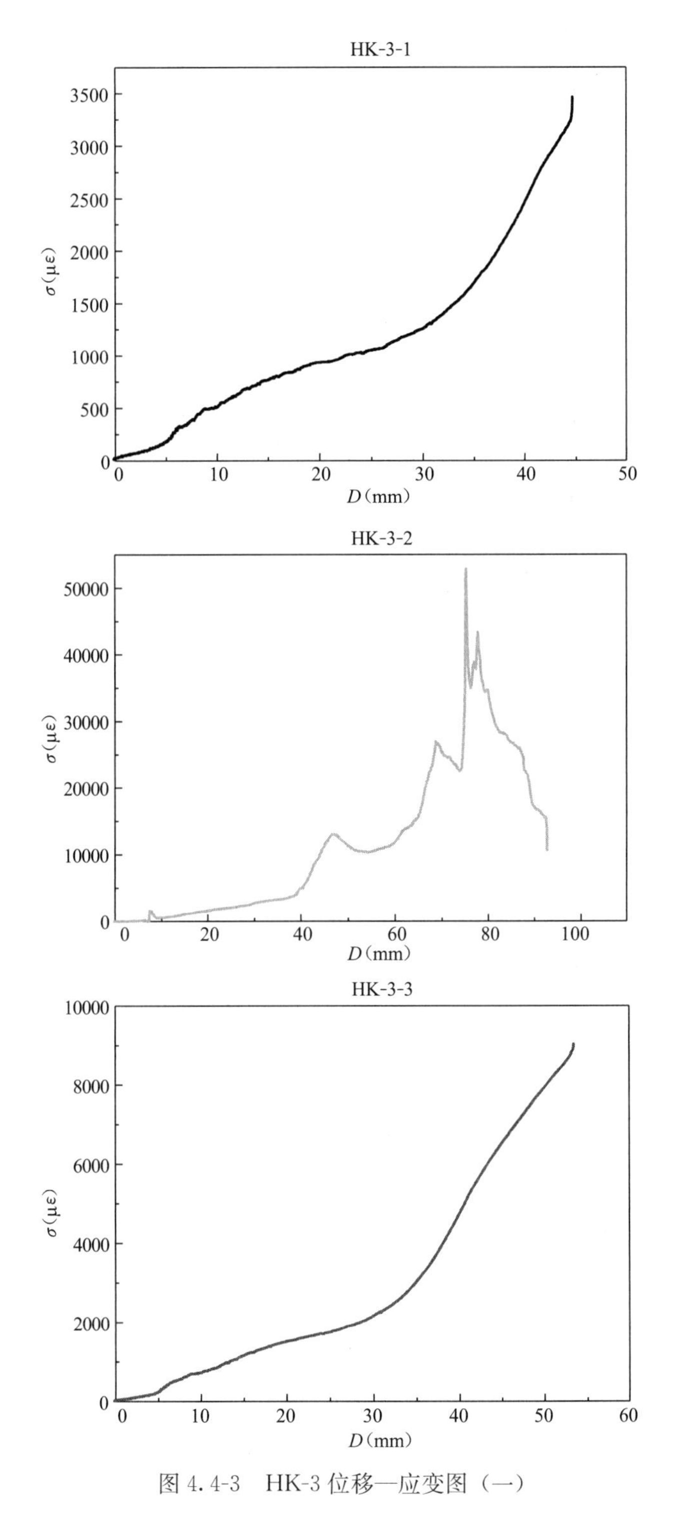

图 4.4-3 HK-3 位移—应变图（一）

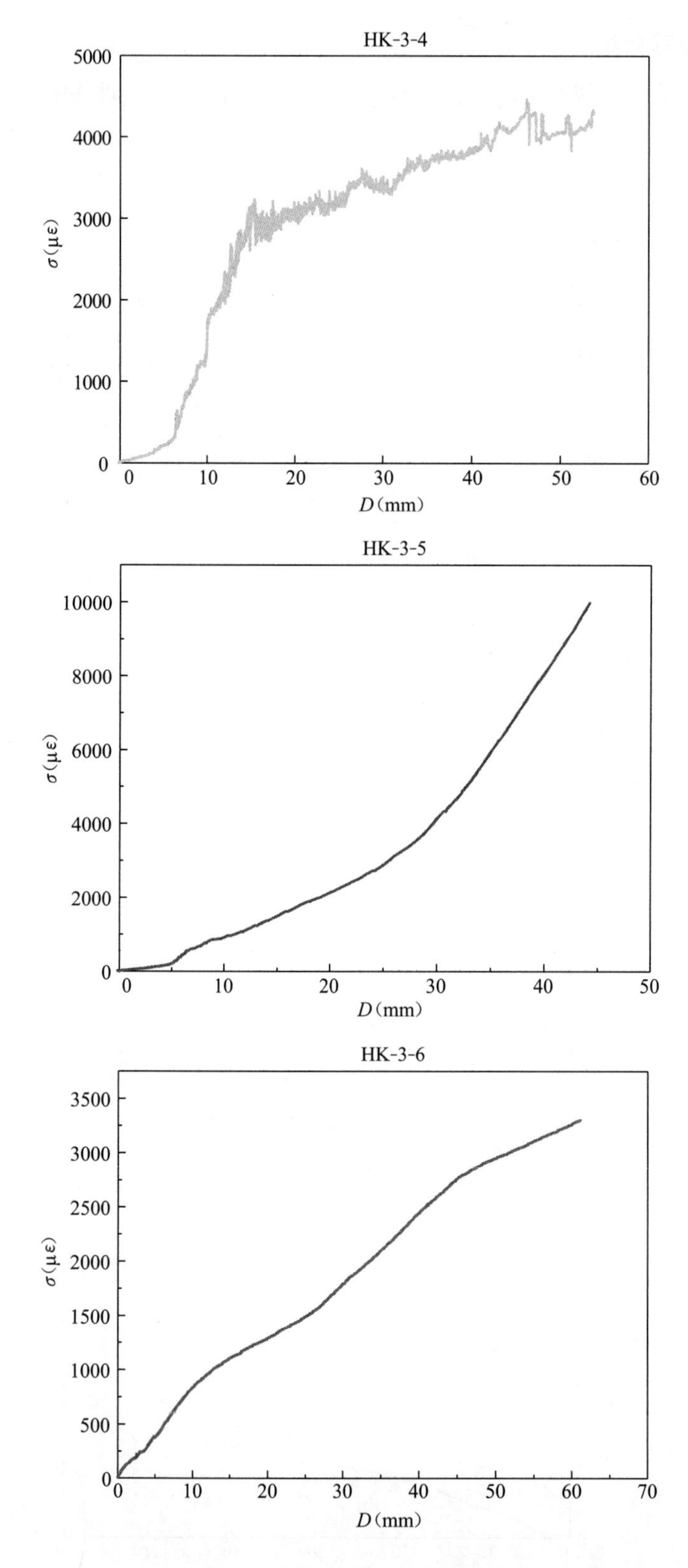

图 4.4-3 HK-3 位移—应变图（二）

环筋扣合试件的应变片编号：受拉侧钢筋从左到右为 1～6 号。

可以看出，除了 HK-3-2 外，其他钢筋的应变均随位移的增大而增大，说明钢筋能够很好地传递应力。HK-3-2 和 HK-3-4 应变数据没有规律，可能是由于受到干扰致使其结果较差。

4.5 小结

本项目对装配式环筋扣合锚接剪力墙体系中的剪力墙试件开展平面外抗折试验，并与现浇试件进行了对比。通过试验可以得到以下主要结论：

（1）环筋扣合试件与现浇试件的破坏模式一致，均为受弯破坏。破坏现象基本相同，破坏过程都是初始裂缝、裂缝发展、峰值承载力、试件背部混凝土表皮脱落、承载力下降。

（2）环筋扣合试件与现浇试件的破坏位置不同，现浇试件的破坏位置在试件底部，环筋扣合试件的破坏位置在试件中部，原因是现浇试件的最薄弱截面在试件底部，而环筋扣合试件的最薄弱截面在试件中部箍筋加密截断位置。

（3）环筋扣合试件的峰值承载力比现浇试件高 31%。

（4）现浇试件和环筋扣合试件内部钢筋均能够很好地传递应力；相同荷载下，环筋扣合试件顶部位移低于现浇试件。

（5）现浇试件破坏时通缝的数量为 3 条；环筋扣合试件破坏时通缝的数量为 4 条，且临破坏时在环筋扣合区域上部箍筋加密部位有新裂缝产生。

综上可以看出，对于环筋扣合的连接形式，能够保障剪力墙底部较高的平面外抗弯承载能力，不会在连接部位发生明显的转动变形并在此处形成薄弱区，该连接形式的平面外抗折能力是可靠的。

5　环筋扣合锚接混凝土剪力墙拟静力试验研究

针对前述所提出的环筋扣合锚接的新型连接方式开展拟静力试验，连接具体形式为：预制墙的竖向钢筋伸出墙底，形成“U”形，而地梁预埋的钢筋为倒“U”形，在连接处进行钢筋绑扎连接，连接高度为120mm（约为楼板厚度，如图5.0-1所示），试验的预制钢筋混凝土剪力墙构件共计3组15片，试件包括传统连接方式的剪力墙作为对比试件，试验中考察了预制剪力墙下部连接部位的抗剪性能、滞回性能及耗能能力，讨论了这种新型构件连接方式的力学性能及施工问题。

图5.0-1　环筋扣合连接方式实物图

5.1　试验设计及试件制作

共对3组15个剪力墙试件进行了拟静力试验，试件由试验墙体和墙底的地梁组成。试验墙体为矩形截面，外形尺寸相同：墙高3100mm，墙宽1500mm，墙厚200mm；地梁高度600mm，地梁宽度500mm，地梁长度3500mm，如图5.1-1所示。

试件之间主要区别为钢筋连接方式、纵向分布筋直径和混凝土的强度等级，根据分布钢筋直径不同把所有试件分为3组。对每组试件进行编号，在此处对编号进行说明，编号格式：钢筋直径-连接方式-分组，如D16-DJ代表试件钢筋直径16mm，采用钢筋搭接方式进行连接；D16-HK（JM）代表试件钢筋直径16mm，采用环筋扣合锚接方式连接，并在连接处进行箍筋加密。其符号具体意义见编号释义。

编号释义：D——钢筋直径；

数字——钢筋直径数值；

XJ——现浇试件；

DJ——钢筋采用搭接方式连接；

HK——环筋扣合连接；

JM——箍筋加密。

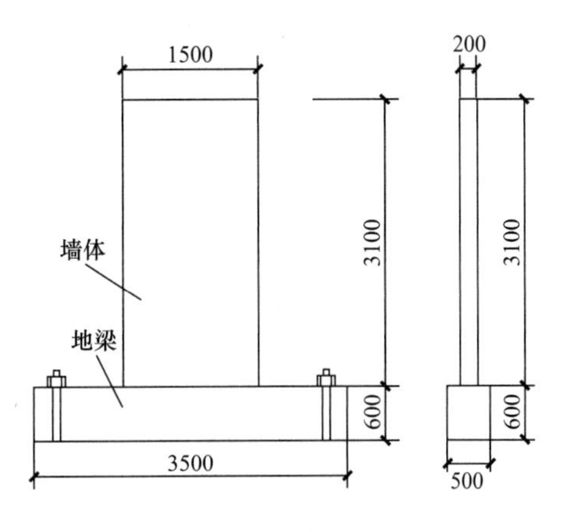

图 5.1-1 试件尺寸图

采用上述编号方式进行编号，具体分组如表 5.1-1 所示，几种典型配筋方式及实物图如图 5.1-2 所示。

墙体加工方法及竖向钢筋连接方式 **表 5.1-1**

试件分组	试件编号	墙体加工方法及混凝土强度等级	竖向钢筋连接方式
Ⅰ	D16-XJ	整体现浇，C40	贯通
	D16-DJ	整体现浇，C40	搭接
	D16-HK（JM）	预制，C40；底部 200mm 处二次浇注，C45	环筋扣合锚接（箍筋加密）
	D16-HK-1	预制，C40；底部 200mm 处二次浇注，C45	环筋扣合锚接
	D16-HK-2	预制，C40；底部 200mm 处二次浇注，C45	环筋扣合锚接
Ⅱ	D14-XJ	整体现浇，C35	贯通
	D14-DJ	整体现浇，C35	搭接
	D14-HK（JM）	预制，C35；底部 200mm 处二次浇注，C40	环筋扣合锚接（箍筋加密）
	D14-HK-1	预制，C35；底部 200mm 处二次浇注，C40	环筋扣合锚接
	D14-HK-2	预制，C35；底部 200mm 处二次浇注，C40	环筋扣合锚接
Ⅲ	D14-XJ	整体现浇，C30	贯通
	D14-XJ（DJ）	整体现浇，C30	搭接
	D14-HK（JM）	预制，C30；底部 200mm 处二次浇注，C35	环筋扣合锚接（箍筋加密）
	D14-HK-1	预制，C30；底部 200mm 处二次浇注，C35	环筋扣合锚接
	D14-HK-2	预制，C30；底部 200mm 处二次浇注，C35	环筋扣合锚接

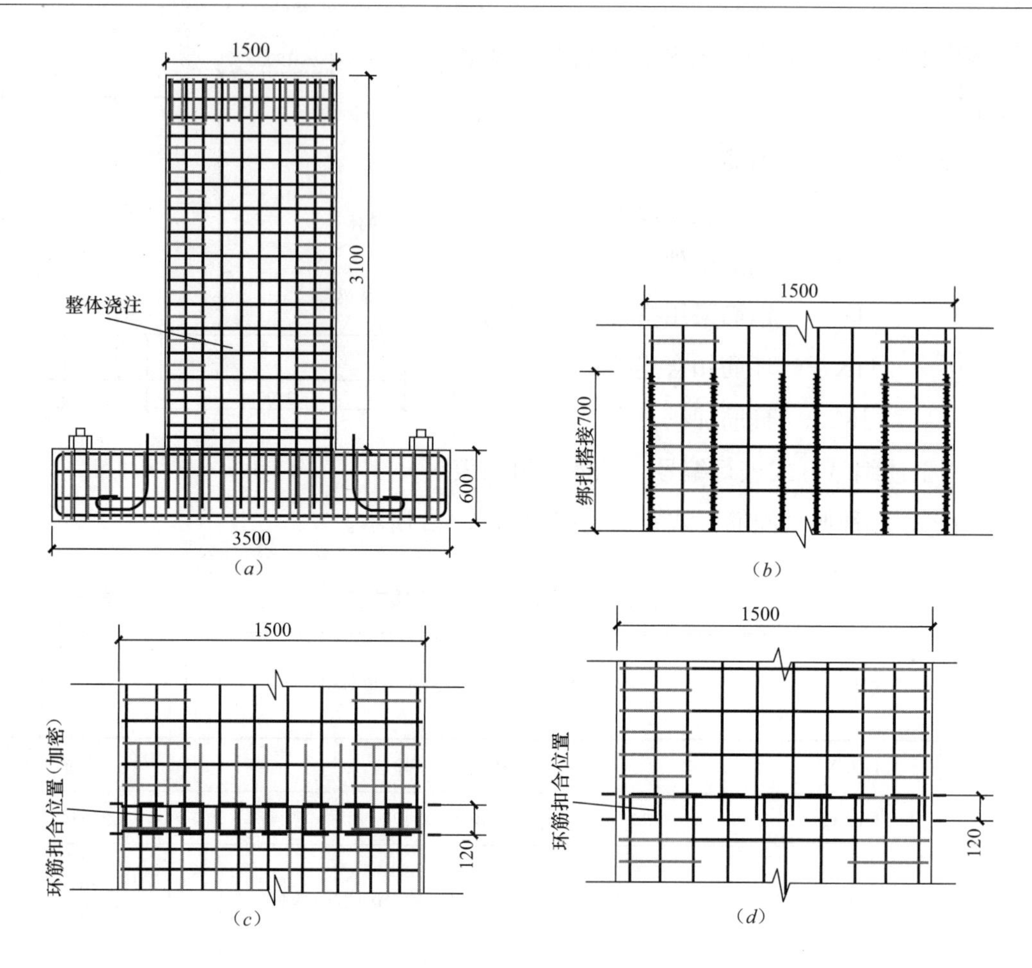

图 5.1-2 典型试件剪力墙的截面尺寸及配筋图

(*a*) 现浇试件(纵筋贯通);(*b*) 现浇试件(纵筋搭接);

(*c*) 环筋扣合试件(箍筋加密);(*d*) 环筋扣合试件(箍筋未加密)

5.2 加载制度与量测内容

试件的拟静力试验按照《建筑抗震试验规程》(JGJ/T 101—2015)中的规定进行加载。试验加载装置及实物图如图 5.2-1 所示,采用 2500kN 液压千斤顶施加轴压力、2000kN 水平作动器施加水平力。通过千斤顶及作动器顶端部的力传感器量测施加力的大小。首先根据轴压比设计值施加轴向力,在试验过程中保持轴向力不变(本系列试验轴压比分别为 0.2、0.1,试件对应编号为“-1”与“-2”)。然后施加往复水平力,先加推力,为正向加载;后加拉力,为反向加载。试件屈服前采用荷载控制加载,每级荷载控制一个循环;然后采用图 5.2-1 中测点 W-6 水平位移控制加载,每级荷载控制为两个循环。

各个试件的位移计布置相同，共6个位移计，其中顶部加载梁处布置1个，控制位移加载；墙身布置4个，间隔500mm；地梁处布置一个，用于量测地梁的平动。用应变片量测竖向分布筋的应变，每个试件，均在距离地梁顶面位置处布置应变片；对于环筋扣合连接的试件，钢筋扣合位置处布置应变片，采集钢筋应变数据，分析钢筋传力性能。

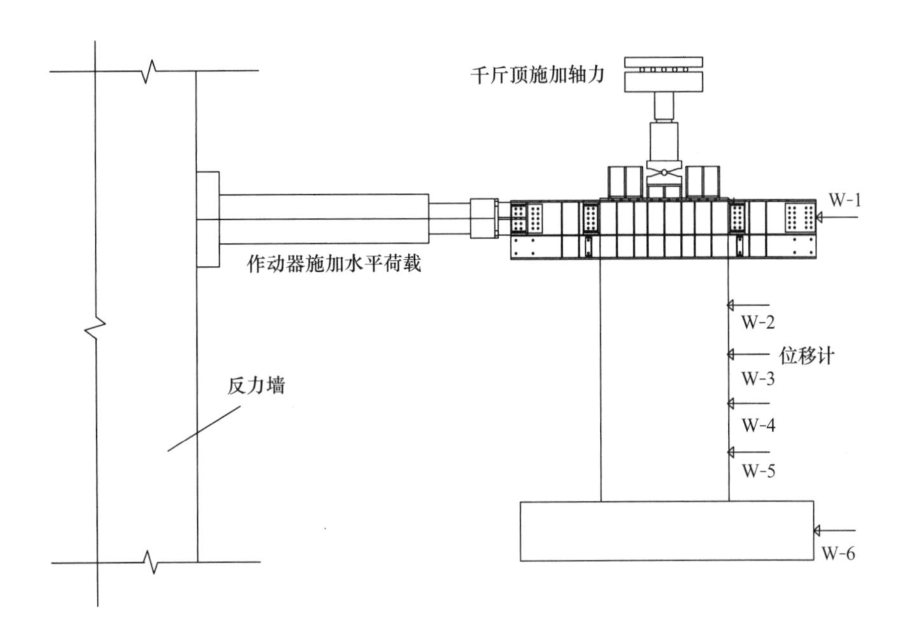

图5.2-1 试验加载装置及实物图

5.3 试验过程与现象

在试验过程中，墙体依次出现以下工况：初始裂缝、裂缝发展、峰值承载力、受压区混凝土压碎、钢筋受压屈服、承载力下降至峰值的85%，如图5.3-1所示。

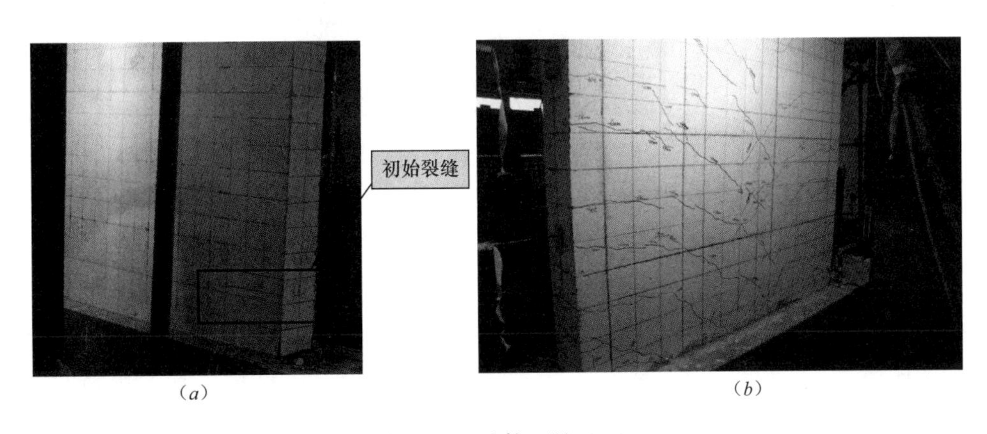

(a) (b)

图5.3-1 试件工况（一）

(a) 初始裂缝；(b) 裂缝发展

(c) (d) (e) (f) (g)

图 5.3-1 试件工况（二）

（c）峰值承载力；（d）受压区混凝土压坏；（e）钢筋屈服；

（f）承载力降到峰值的 85%；（g）试件最终破坏形态图

除试件 D14-HK-2 在环筋扣合位置处产生水平通缝而出现承载力下降、试件发生破坏外，其余 14 个试件的破坏模式一致，均为弯剪破坏。破坏现象基本相同，破坏过程都是初始裂缝、裂缝发展、峰值承载力、受压区混凝土破坏、钢筋受压屈服、承载力下降至峰值承载力的 85%。

5.4 试验结果分析

本次试验是对预制、现浇混凝土剪力墙试件分别进行拟静力试验，通过观察试验实时破坏现象，结合钢筋应变、墙体位移和滞回曲线等数据，对预制、现浇混凝土剪力墙的变形能力、水平承载能力、耗能能力等进行比较分析，揭示出环筋扣合锚接连接的可靠性能和预制混凝土剪力墙的破坏特性及其抗震性能。

5.4.1 滞回曲线和骨架曲线

滞回曲线是在反复作用下结构的荷载—变形曲线。它反映结构在反复受力过程中的变形特征、刚度退化及能量消耗，是确定恢复力模型和进行非线性地震反应分析的依据。在本次剪力墙构件的拟静力试验中，通过得到的滞回曲线来分析与评价预制剪力墙结构的抗震性能。

试件的滞回曲线通过采集顶点的水平力及该点的位移获得，分别使用力传感器和位移传感器采集数据。通过往复施加水平力，得到随水平力变化的位移变化值。将采集到的对应数据点作图，即可得到试件的滞回曲线。

试件的顶点水平力 F-位移 Δ（位移角 θ）滞回曲线如图 5.4-1（正水平力为正向加载，负水平力为反向加载，下同）。

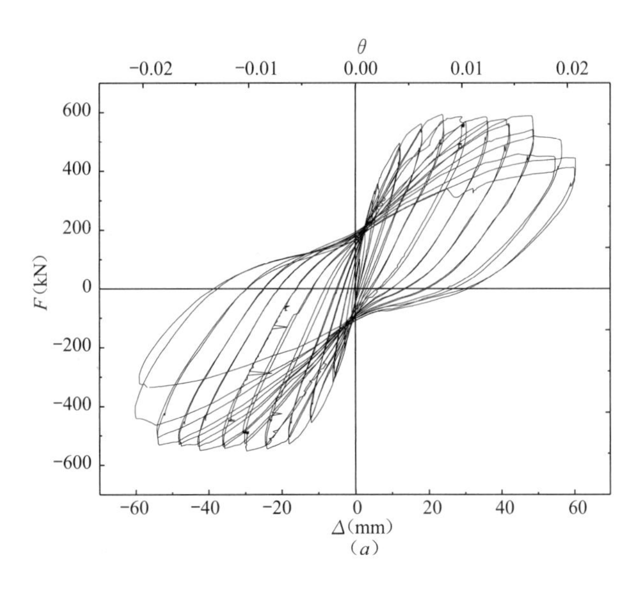

图 5.4-1 试件滞回曲线（一）

(a) D16-XJ

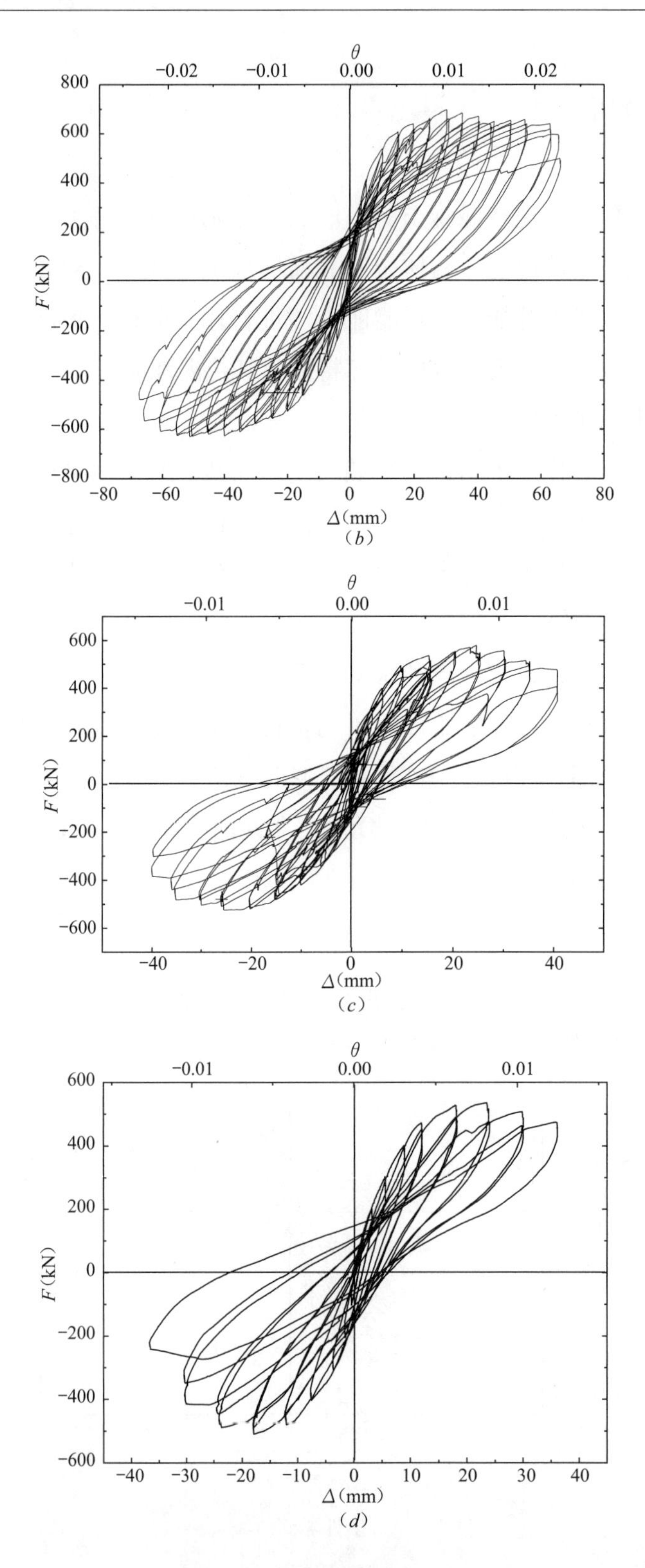

图 5.4-1 试件滞回曲线（二）

(*b*) D16-DJ；(*c*) D16-HK (JM)；(*d*) D16-HK-1

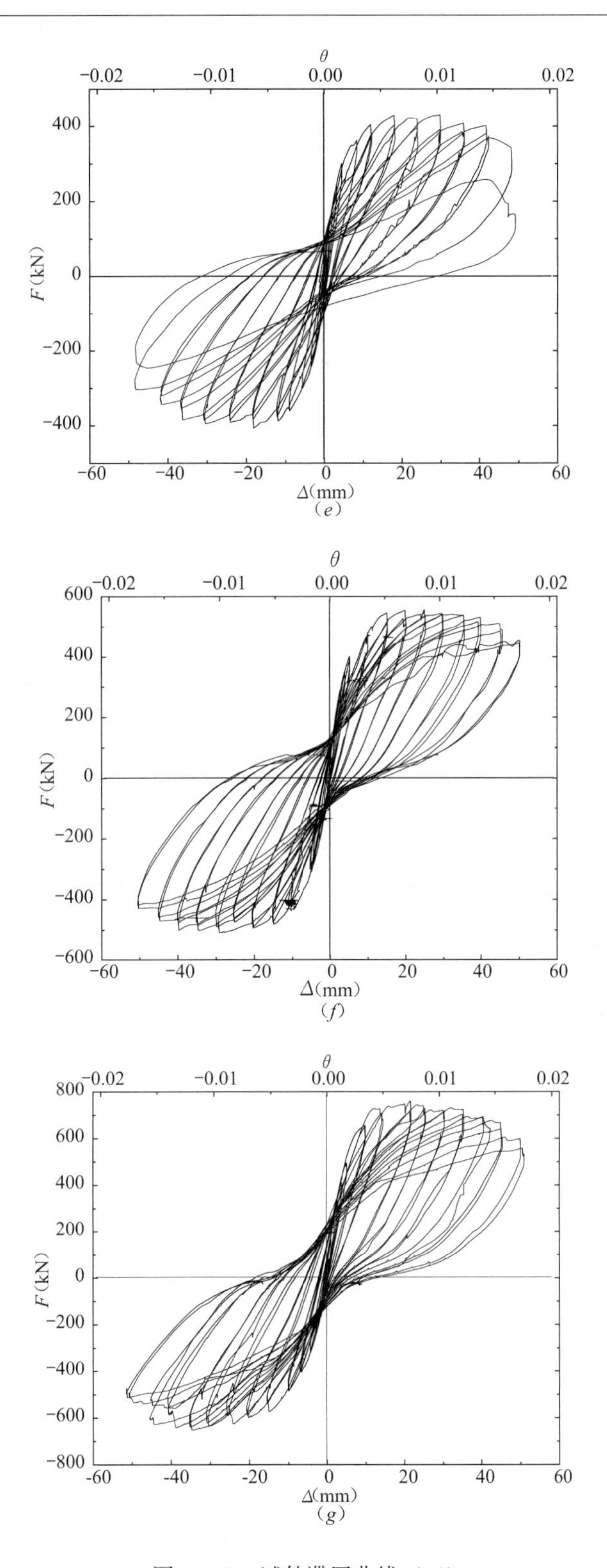

图 5.4-1 试件滞回曲线（三）

(*e*) D16-HK-2；(*f*) D14-XJ；(*g*) D14-DJ

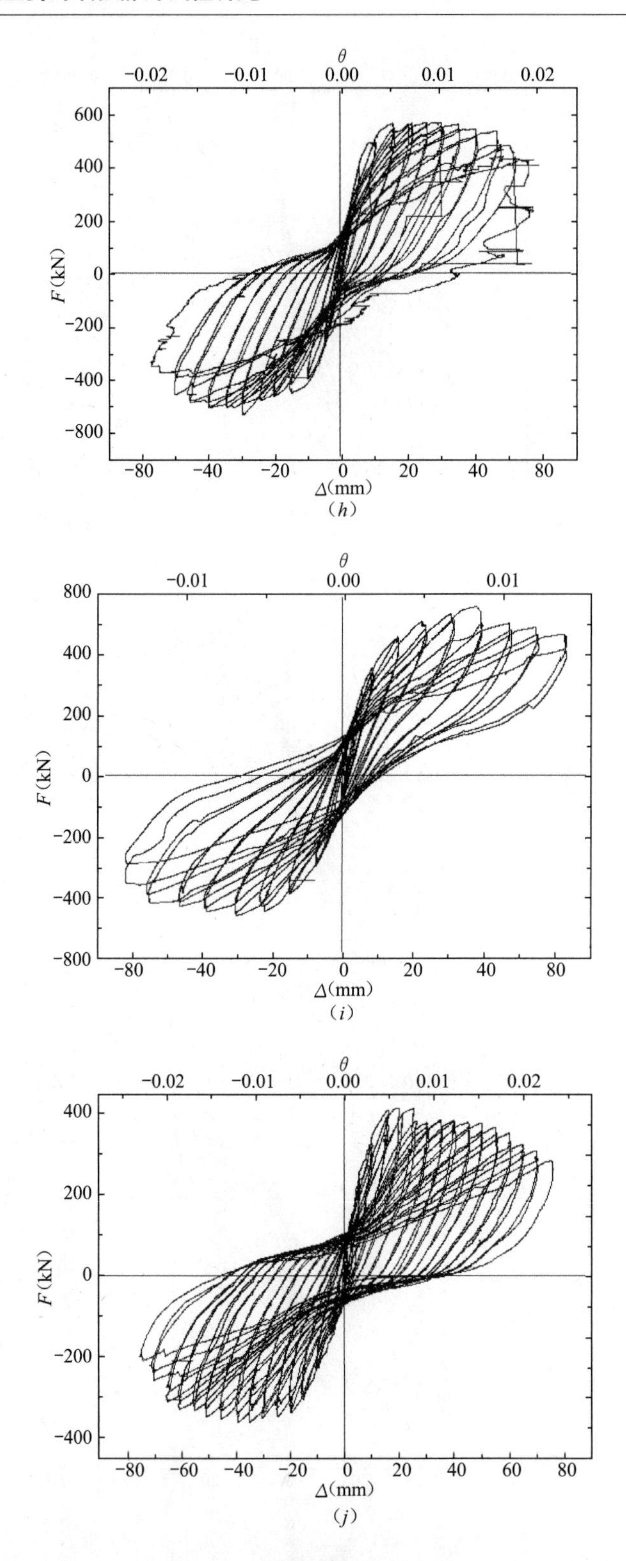

图 5.4-1 试件滞回曲线（四）

(*h*) D14-HK（JM）；(*i*) D14-HK-1；(*j*) D14-HK-2

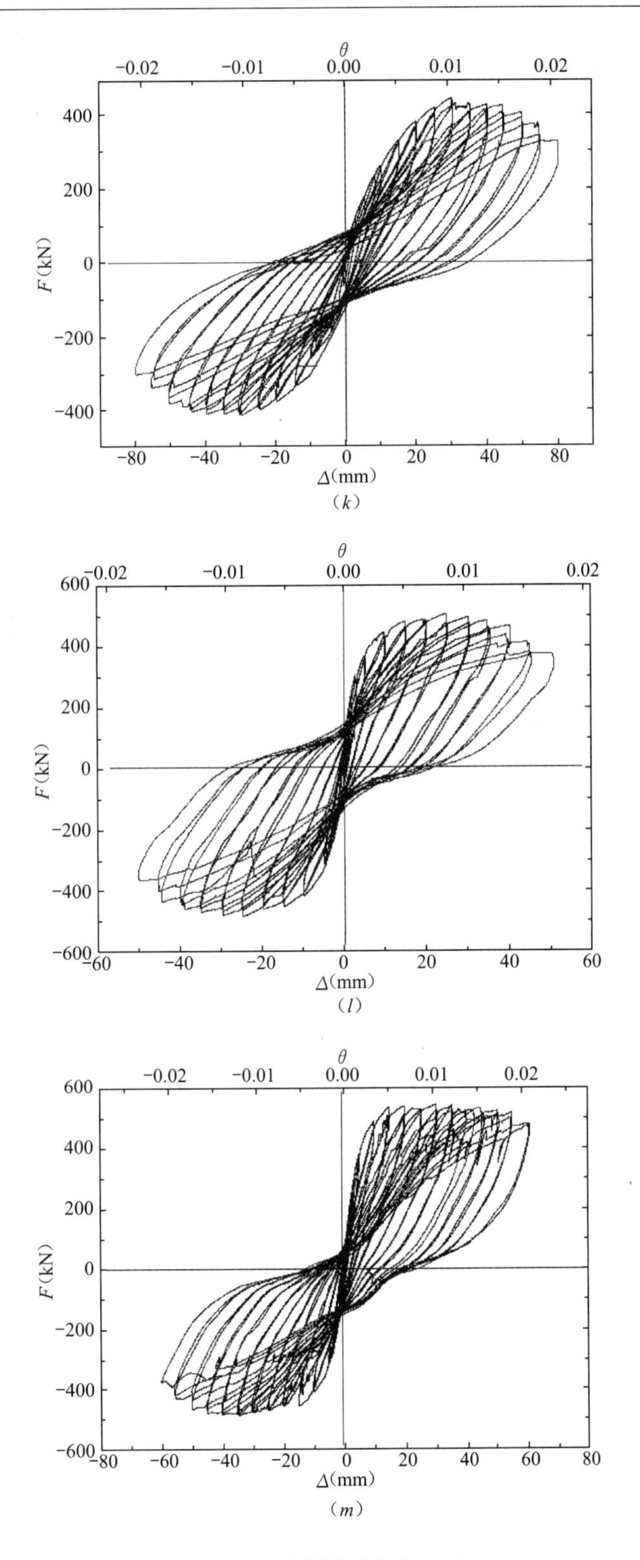

图 5.4-1 试件滞回曲线（五）

(*k*) D14-XJ；(*l*) D14-XJ (DJ)；(*m*) D14-HK (JM)

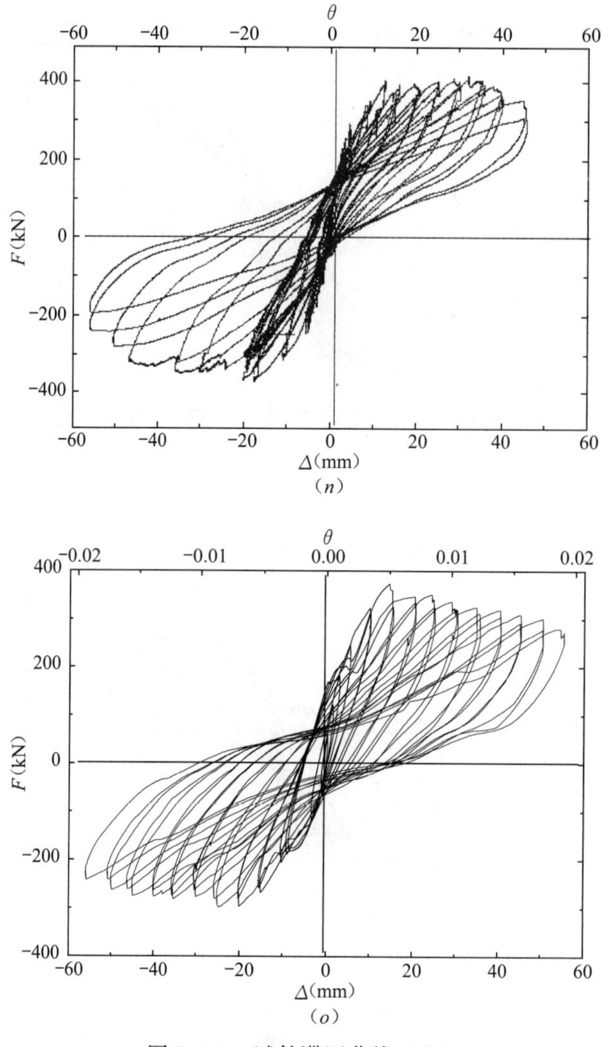

图 5.4-1 试件滞回曲线（六）

(n) D14-HK-1；(o) D14-HK-2

从滞回曲线可以看出：

搭接连接的现浇试件比整体现浇试件滞回曲线更加饱满（以 D16-XJ 和 D16-DJ 滞回曲线图 5.4-2 为例，见书后彩图），峰值承载力也略高，因为钢筋搭接位置处配筋率的提高，增加了混凝土的承载力。说明搭接构件的性能高于整体现浇构件，实际工程中可作为一种安全储备。

第Ⅰ组试件中，D16-XJ、D16-DJ、D16-HK-2、D16-HK（JM）试件滞回曲线饱满，D16-HK-1 试件的滞回曲线有一些捏拢。

以 D16-HK（JM）为例分析，其滞回曲线正向加载与反向加载并无明显差异；与 D16-XJ 相比饱满度相差较小，但极限位移相对较小；与 D16-HK-1 相比峰值承载力更高，正向极限位移更大。

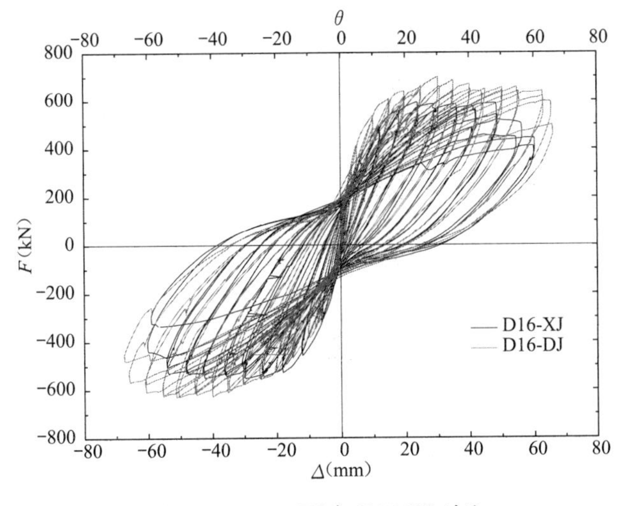

图 5.4-2 D16-XJ 与 D16-DJ 对比

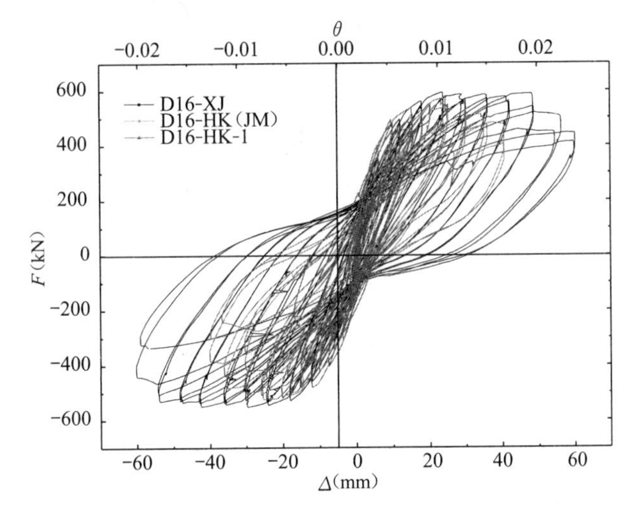

图 5.4-3 第Ⅰ组试件滞回曲线对比

从图 5.4-3（见书后彩图）可以看出，钢筋直径为 16mm 的箍筋加密扣合构件其滞回曲线不如现浇构件饱满且与箍筋未加密构件相差不大，峰值承载力与极限位移较箍筋未加密构件未有明显提高。初步分析原因是钢筋直径较粗弯折时达不到直角，曲率半径较大，使钢筋受拉性能变差；同时环筋扣合位置处由于钢筋较粗、钢筋间距离较小，增大了混凝土浇筑时的难度，不易浇筑密实。

第Ⅱ组试件中，D14-XJ、D14-DJ、D14-HK-2、D14-HK（JM）试件滞回曲线饱满，只有 D14-HK-1 试件滞回曲线有一些捏拢。

以 D14-HK（JM）为例进行分析，其滞回曲线正向加载与负向加载并无明显差异；与 D14-XJ 相比更加饱满；与 D14-HK-1 相比无论是极限承载力还是极限位移都更大。见图 5.4-4（见书后彩图）。

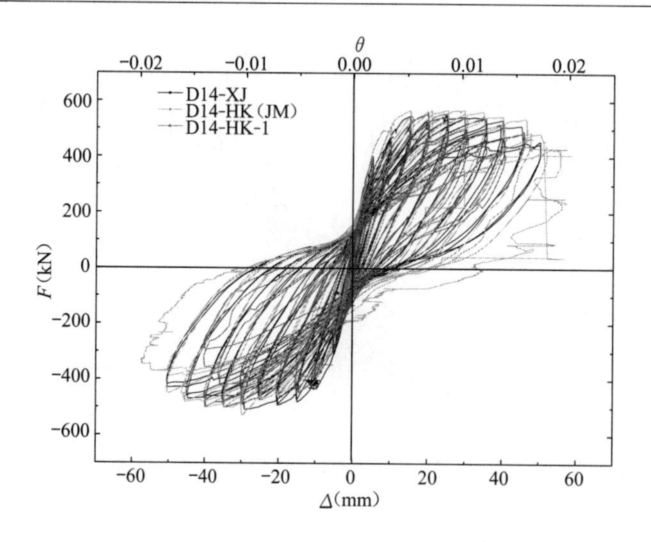

图 5.4-4　第Ⅱ组试件滞回曲线对比

第Ⅲ组试件中，D14-XJ、D14-XJ（DJ）、D14-HK（JM）试件滞回曲线饱满，D14-21 与 D14-HK-2 试件滞回曲线有一些捏拢。

以 D14-HK（JM）为例进行分析，其正向加载性能略优于负向加载性能；滞回曲线与 D14-XJ 相比其饱满度并无差异。如图 5.4-5（见书后彩图）。

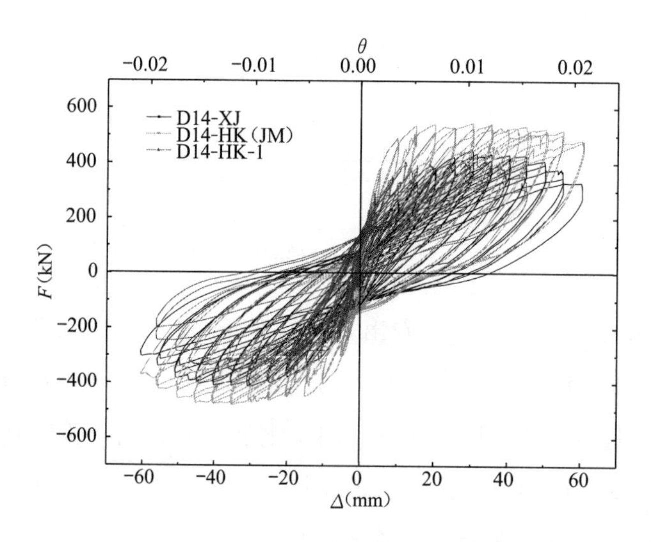

图 5.4-5　第Ⅲ组试件滞回曲线对比

骨架曲线是滞回曲线中每级加载水平力最大峰值所形成的轨迹，反映了构件受力与变形的各个不同阶段及特性（强度、刚度、延性、耗能及抗倒塌能力等），也是确定恢复力模型中特征点的重要依据。

试件的骨架曲线如图 5.4-6（见书后彩图）。

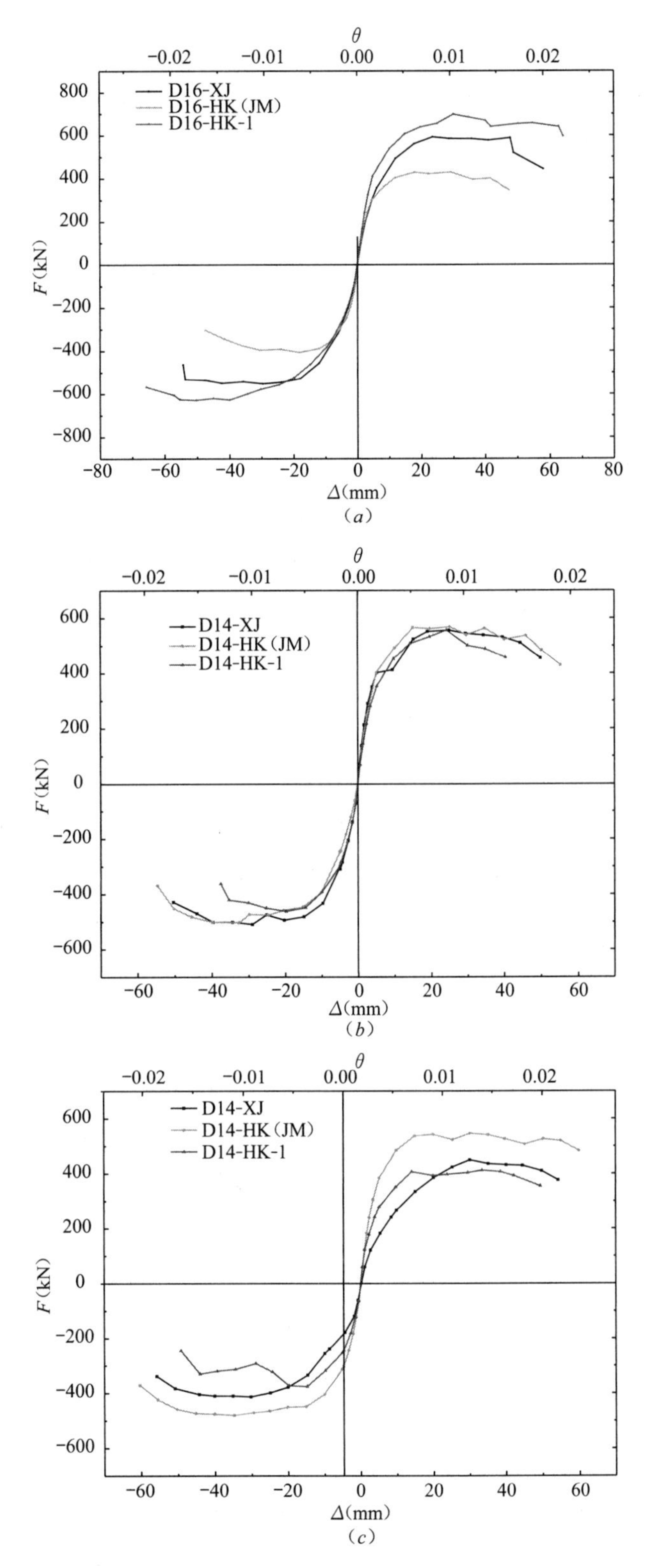

图 5.4-6 试件骨架曲线对比图

(a) 第Ⅰ组试件骨架曲线对比；(b) 第Ⅱ组试件骨架曲线对比；(c) 第Ⅲ组试件骨架曲线对比

从骨架曲线可以看出：

第Ⅰ组试件中，D16-DJ 的最大水平力和最大位移在本组最大；D16-HK（JM）由于轴力最大，其最大水平力与最大位移都大于其他预制构件；D16-HK-2 轴力最小，其最大水平力与最大位移为本组最小；三个试件的初始刚度基本相同。

第Ⅱ组试件中，D14-DJ 由于轴力最大，其最大水平力与最大位移都大于其他构件；D14-HK-2 轴力最小，其最大水平力与最大位移为本组最小；D14-XJ、D14-HK-1、D14-HK-2 轴力相同，其骨架曲线在达到峰值水平力前基本一致，但 D14-HK-1 在达到峰值水平力后，随位移增大水平力下降较快；D14-HK（JM）的刚度曲线基本与 D14-XJ 重合，力学性能比较接近。

第Ⅲ组试件中，D14-HK（JM）由于轴力最大，其最大水平力与最大位移都大于其他构件，且其反向加载时骨架曲线到达峰值水平力前与 D14-XJ（DJ）基本重合；D14-HK-1 与 D14-XJ 的初始刚度基本相同。

5.4.2 试件承载力

各试件开裂水平力 F_{cr}、屈服水平力 F_y 和峰值水平力 F_p 如表 5.4-1 所示。其中，开裂水平力为试验观察到的第一条裂缝对应的水平力；屈服水平力为构件屈服时对应的水平力；峰值水平力为最大水平力。通过观察实验现象及已经得到的骨架曲线，得出三种状态对应的水平力。其中，屈服水平力 F_y 由以下方法获得。

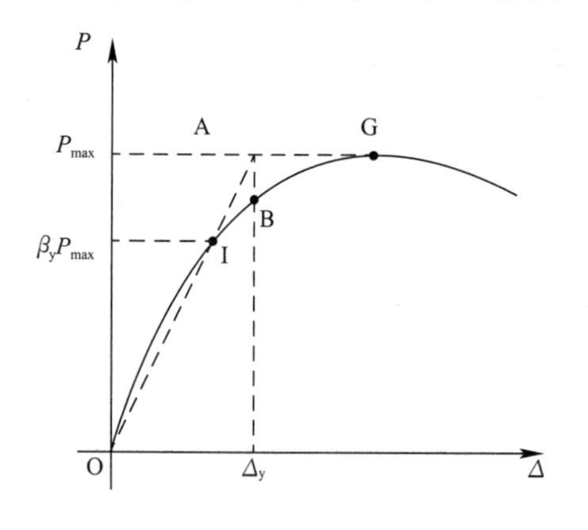

图 5.4-7 屈服点确定方法

在骨架曲线上确定点 I，连接原点 O 与 I 交过极限荷载点 G 的水平线于 A 点，过 A 点作横坐标的垂线交骨架曲线于 B 点，B 点即为等效屈服点。其中，β_y 屈服荷载系数，取值范围为 0.6～0.8，通常取值为 0.7。

试件不同状态时的水平力（kN）

第Ⅰ组试件对比 **表 5.4-1**

试件编号	F_{cr}			F_y			F_p		
	正向	反向	平均	正向	反向	平均	正向	反向	平均
D16-XJ	200	200	200	498	467	482	593	552	573
D16-HK（JM）	320	320	320	448	423	435	555	523	539
D16-HK-1	300	300	300	460	411	436	535	509	522

第Ⅱ组试件对比

试件编号	F_{cr}			F_y			F_p		
	正向	反向	平均	正向	反向	平均	正向	反向	平均
D14-XJ	280	280	280	406	435	421	556	508	532
D14-HK（JM）	400	250	325	439	417	428	569	502	535
D14-HK-1	280	280	280	452	375	414	556	461	509

第Ⅲ组试件对比

试件编号	F_{cr}			F_y			F_p		
	正向	反向	平均	正向	反向	平均	正向	反向	平均
D14-XJ	240	180	210	378	354	366	449	413	431
D14-HK（JM）	300	300	300	429	389	409	547	480	513
D14-HK-1	180	180	180	333	299	316	412	376	394

由表5.4-1可以看出：

在第Ⅰ组试件中，D16-HK（JM）的峰值水平力为539kN，与D16-XJ的峰值水平力573kN相比相差不大；在第Ⅱ组试件中，D14-HK（JM）的峰值水平力为535kN，与D14-XJ的峰值水平力532kN相比基本相同；在第Ⅲ组试件中，D14-HK（JM）的峰值水平力为513kN，大于D14-XJ的峰值水平力431kN和D14-XJ（DJ）的峰值水平力493kN。

5.4.3 变形与延性

混凝土结构中，其安全性评定不仅与结构的承载能力有关，很大程度上还要看在地震过程中结构的变形能力与结构屈服后的延性。延性是评价结构抗震性能是否良好的重要指标之一。延性好的结构即使很早出现破坏现象，但却在结构出现了较大变形的情况时，并不会倒塌。因此，定义顶点位移角$\theta=\Delta/H$，Δ为试件顶点水平位移，H为测点高度2900mm；位移延性系数用$\mu\Delta=\Delta_u/\Delta_y$计算，$\Delta_y$为试件屈服时的顶点水平位移，$\Delta_u$为试件极限点对应的顶点水平位移，定义水平力下降至最大水平力的85%为极限点，若未下降至最大水平力的85%，则取试验结束时为极限点。

表5.4-2列出了试件的开裂位移Δ_{cr}、屈服位移Δ_y、峰值位移、极限位移Δ_u，表5.4-3列出了试件的极限位移角与延性系数Δ_u。

由表5.4-3可以看出：所有预制试件的极限位移角在1/106至1/48的范围内，满足《建筑抗震设计规范》GB 50011—2010规定的剪力墙结构在大震作用下的弹塑性位移角限值1/120的要求。

三组试件中预制剪力墙的延性系数基本都大于4，可认为其抗震能力较好。在地震区，结构产生较大的变形时，整体没有倒塌的危险，对于人员和财产的安全有了很好的保障。

第Ⅰ组中，D16-HK（JM）的延性系数 4.03 与 D16-DJ 的延性系数 4.31 相差不大；第Ⅱ组试件中，D14-HK（JM）的延性系数 5.2 大于 D14-DJ 的延性系数 4.31；第Ⅲ组试件中，D14-HK（JM）的延性系数 7.13 大于 D14-XJ 的延性系数 2.95 和 D14-XJ（DJ）的延性系数 5.97。

5.4.4 钢筋应变

试验过程中，同时采集纵向钢筋的实时应变，现以试件 D16-HK（JM）为例进行说明，如图 5.4-8。

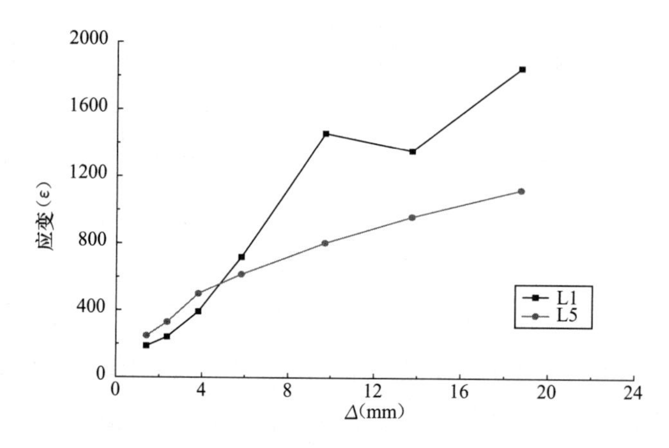

图 5.4-8 D16-HK（JM）钢筋应变-位移曲线

注：图中 L1 表示一次浇最外侧钢筋应变，L5 表示搭接处最外侧钢筋应变。

在位移较小时，L5 大于 L1，这是由于初始位移不为零造成的；随着位移增大，L1 与 L5 都迅速增大，且 L1 大于 L5，说明此种搭接方式可以有效传递应力。如表 5.4-2 和表 5.4-3。

试件的变形能力（一）

第Ⅰ组试件对比 **表 5.4-2**

试件编号	Δ_{cr}（mm）			Δ_y（mm）			Δ_p（mm）			Δ_u（mm）		
	正向	反向	平均	正向	反向	平均	正向	反向	平均	正向	反向	平均
D16-XJ	2.56	2.98	2.77	12.33	12.93	12.63	23.57	29.62	26.59	50.78	54.23	52.51
D16-HK（JM）	3.95	5.20	4.58	8.54	10.34	9.44	29.58	24.60	27.09	40.68	35.37	38.03
D16-HK-1	5.58	3.40	4.59	12.47	8.04	9.75	23.50	17.93	20.72	35.00	27.22	31.11

第Ⅱ组试件对比

试件编号	Δ_{cr}（mm）			Δ_y（mm）			Δ_p（mm）			Δ_u（mm）		
	正向	反向	平均	正向	反向	平均	正向	反向	平均	正向	反向	平均
D14-XJ	2.68	4.39	3.54	6.88	10.04	8.46	24.92	29.03	26.98	48.21	49.71	48.96
D14-HK（JM）	5.00	5.00	5.00	7.09	12.46	9.77	25.13	32.68	28.90	50.18	51.56	50.87
D14-HK-1	3.35	4.82	4.09	9.77	9.14	9.46	24.20	19.83	22.02	37.67	36.31	36.99

第Ⅲ组试件对比

试件编号	Δ_{cr} (mm)			Δ_y (mm)			Δ_p (mm)			Δ_u (mm)		
	正向	反向	平均	正向	反向	平均	正向	反向	平均	正向	反向	平均
D14-XJ	8.50	4.40	6.45	19.42	17.08	18.25	30.10	30.23	30.17	53.50	54.33	53.91
D14-HK (JM)	3.48	4.75	4.12	7.25	9.22	8.23	30.17	34.82	32.50	60.47	56.87	58.67
D14-HK-1	2.32	2.80	2.56	8.71	8.43	8.57	33.46	14.74	24.10	50.00	44.68	47.34

试件的变形能力（二）

第Ⅰ组试件对比　　表 5.4-3

试件编号	θ_u			$\mu\Delta$		
	正向	反向	平均	正向	反向	平均
D16-XJ	1/57	1/53	1/55	4.12	4.19	4.16
D16-HK (JM)	1/71	1/82	1/76	4.77	3.42	4.03
D16-HK-1	1/83	1/106	1/93	3.05	3.39	3.19

第Ⅱ组试件对比

试件编号	θ_u			$\mu\Delta$		
	正向	反向	平均	正向	反向	平均
D14-XJ	1/60	1/58	1/59	7.01	4.95	5.79
D14-HK (JM)	1/58	1/56	1/57	7.08	4.14	5.20
D14-HK-1	1/77	1/80	1/78	3.85	3.97	3.91

第Ⅲ组试件对比

试件编号	θ_u			$\mu\Delta$		
	正向	反向	平均	正向	反向	平均
D14-XJ	1/54	1/53	1/54	2.75	3.18	2.95
D14-HK (JM)	1/48	1/51	1/50	8.34	6.17	7.13
D14-HK-1	1/58	1/65	1/61	5.74	5.30	5.52

5.4.5 刚度

在结构的设计和研究过程中，往往更加重视“力”的概念，而忽视了结构和构件的变形能力，这一认识事实上是有误区的。所谓的“力”，如荷载、地震作用等所引起结构的反应都是通过结构的“刚度”因素来完成的。

剪力墙试件进行拟静力试验的过程中，随着水平推力不断增大，水平位移不断增大，结构刚度是不断退化的。尤其是结构进入弹塑性阶段，刚度变化较快。因此，采用往复水平作用下每次循环峰点的水平力与位移的割线刚度来反映试件的刚度与顶点水平位移之间的关系。

对每次循环加载分别记录峰值承载力和位移值，所作曲线即为刚度退化曲线。

试件刚度退化曲线如图 5.4-9 所示。

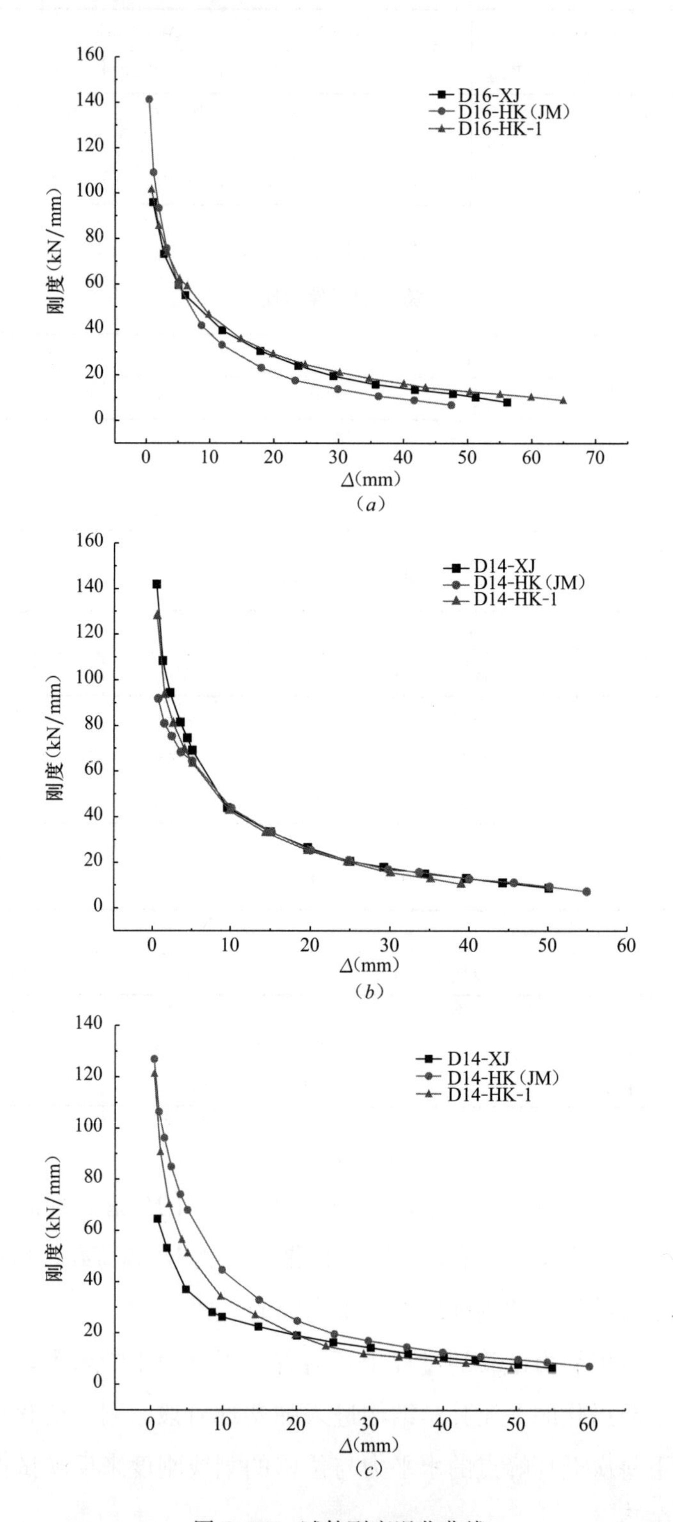

图 5.4-9 试件刚度退化曲线

(*a*) 第Ⅰ组试件退化刚度对比；(*b*) 第Ⅱ组试件退化刚度对比；(*c*) 第Ⅲ组试件退化刚度对比

由试件刚度退化曲线可以看出：随位移增大，试件刚度下降。

第Ⅰ组试件中，每个试件的刚度退化曲线基本重合，D16-HK（JM）的刚度退化速率与现浇试件相差不大。

第Ⅱ组试件中，D14-DJ 的刚度退化较慢；D14-HK-2 由于施加轴力较小，其初始刚度较小；其余试件刚度退化曲线基本重合，D14-HK（JM）的刚度退化速率与 D14-XJ 一致。

第Ⅲ组试件中，D14-XJ（DJ）与 D14-HK（JM）刚度退化曲线基本重合，试件的刚度退化较慢；D14-XJ 与 D14-HK-2 的退化曲线基本重合，试件刚度退化较快。

5.4.6 耗能能力

承受地震荷载的结构，其承载力与变形能力相结合，便是对应的耗能能力。结构受到地震作用后将产生强烈的振动，一部分转化为动能，另一部分通过部分结构构件的屈服来消耗。因此，耗能曲线表示试件的耗能能力。

对每一次循环加载，试件的水平力-位移曲线都会围成一个滞回环，定义该滞回环的面积为此次循环加载过程中试件的耗能。随着位移的增加，试件的耗能能力也随之变化。定义试件的耗能能力随位移变化的曲线为耗能曲线。各组试件耗能曲线如图 5.4-10 所示。

由图 5.4-10 试件耗能曲线可以看出：第Ⅰ组试件中，位移较小时，试件耗能基本相同，D16-HK（JM）的耗能能力与现浇试件相差不大；当位移较大时（$>$20mm）D16-DJ 耗能较大，D16-HK-2 耗能较小。

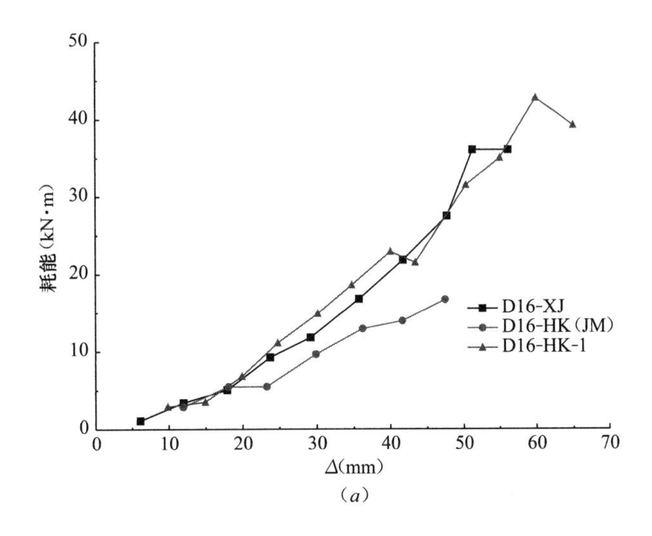

（a）

图 5.4-10 试件耗能曲线（一）

（a）第Ⅰ组试件耗能对比

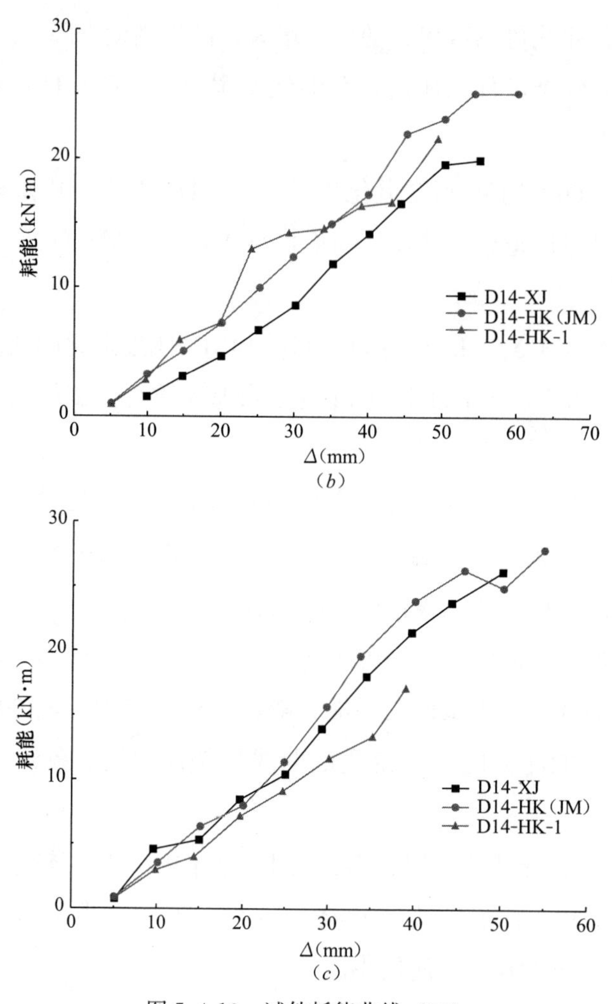

图 5.4-10 试件耗能曲线（二）

(*b*) 第Ⅱ组试件耗能曲线；(*c*) 第Ⅲ组试件耗能曲线

第Ⅱ组试件中，D14-DJ、D14-HK（JM）耗能较大，D14-HK-2 耗能最小。

第Ⅲ组试件中，试件耗能相差较大，总体上 D14-XJ（DJ）耗能最大，D14-HK（JM）的耗能能力介于 D14-XJ 与 D14-XJ（DJ）之间。

下面对每组现浇试件与箍筋加密批次试件：在试件滞回曲线、骨架曲线、变形、刚度、耗能方面的差异进行对比。

（1）第Ⅰ组，取试件 D16-XJ、D16-HK（JM）、D16-HK-1，进行对比如下（表 5.4-4）：可以看出，D16-HK（JM）的整体性能高于 D16-XJ。

第Ⅰ组试件对比 **表 5.4-4**

	D16-XJ	D16-HK（JM）	D16-HK-1
F_{p}	573	539	522
$\mu\Delta$	4.16	4.03	3.19

续表

	D16-XJ	D16-HK（JM）	D16-HK-1
θ_u	1/55	1/67	1/93
退化刚度	D16-HK（JM）与D16-XJ退化曲线基本一致		
耗能	D16-HK（JM）与D16-XJ耗能曲线在位移较小时基本一致		

（2）第Ⅱ组，取试件D14-XJ、D14-HK（JM）、D14-HK-1进行对比如下（表5.4-5）：可以看出，D14-HK（JM）的整体性能与D14-XJ较为接近。

第Ⅱ组试件对比　　表5.4-5

	D14-XJ	D14-HK（JM）	D14-HK-1
F_p	532	535	509
$\mu\Delta$	5.79	5.20	3.91
θ_u	1/59	1/57	1/78
退化刚度	D14-HK（JM）与D14-XJ退化曲线基本一致		
耗能	D14-HK（JM）与D16-XJ耗能曲线基本一致		

（3）第Ⅲ组，取试件D14-XJ、D14-XJ（DJ）、D14-HK（JM）进行对比如下（表5.4-6）：可以看出，D14-HK（JM）的整体性能高于D14-XJ。

第Ⅲ组试件对比　　表5.4-6

	D14-XJ	D14-HK（JM）	D14-HK-1
F_p	431	513	394
$\mu\Delta$	2.95	7.13	5.52
θ_u	1/54	1/50	1/61
退化刚度	D14-HK（JM）与D14-XJ退化曲线基本一致		
耗能	D14-HK（JM）耗能曲线高于D14-XJ		

5.5 小结

由试验数据分析结果可以看出，环筋扣合试件的延性系数多介于4～7之间，极限位移角θ_u在1/93～1/50之间（规范要求的剪力墙结构大震下的层间位移角限值1/120），与现浇试件相比（延性系数多介于4～5之间，极限位移角θ_u在1/59～1/54之间）差别不大；环筋扣合试件峰值承载力、耗能能力、刚度退化等参数与现浇试件基本等同；环筋扣合试件进行箍筋加密后其承载力、耗能、延性性能等参数得到改善。

预制环筋扣合剪力墙试件与现浇试件的破坏模式一致，都为弯剪破坏；破坏现象基本相同，破坏过程都是初始裂缝、裂缝发展、峰值承载力、受压区混凝土压碎、钢筋受压屈服、承载力下降至峰值的85%。不同点在于现浇构件和部分预制构件混凝土保护层剥落位置都在墙底，而部分预制构件混凝土剥落位置出现在连接处。造成这种区别的原因是构件受压区构造不同导致：环筋扣合位置处，横向钢筋放在纵向钢筋内部，增加了钢筋受压区长度，使得受压区钢筋易于发生失稳外鼓，导致此处混凝土保护层较早剥落。

综上所述，预制环筋扣合剪力墙构件在箍筋加密后性能得到改善，其整体性能与现浇构件基本等同。

6 环筋扣合锚接剪力墙足尺子结构拟静力、拟动力试验

本章主要在前述环筋扣合锚接混凝土剪力墙构件拟静力试验的基础上，针对这种新型结构体系进行子结构拟动力、拟静力试验。

（1）通过使用哈尔滨工业大学自主研发的 HYTEST 结构试验软件对子结构进行拟动力试验。考察这种新型建筑体系在多遇地震和罕遇地震作用下的抗震性能，得到结构在 Elcentro 等地震波作用下的滞回曲线，记录层间位移时程曲线；观察结构的裂缝发展，分析建筑的破坏形式；得到子结构在多遇地震和罕遇地震作用下层间位移角，并与现行规范的限值作对比；记录子结构模型中的钢筋应变，分析钢筋应力随地震烈度的变化规律；最后，综合评价这种新型结构的整体抗震性能。

（2）开展这种新型建筑体系的拟静力试验。对子结构施加低周往复荷载，获得该结构从开裂到极限荷载的五种工况，并分别得到各工况下的荷载，对结构的承载力做综合评价；通过观察结构的裂缝产生与发展规律，分析结构的破坏形式；根据子结构在拟静力试验中荷载与位移的关系，给出该新型建筑体系的刚度退化情况；通过获得子结构拟静力试验的荷载—位移数据，绘制子结构在往复荷载作用下的滞回曲线，根据滞回曲线的峰值点获得子结构的骨架曲线；记录子结构各层的屈服位移与极限位移，获得模型的延性系数；通过分析子结构的滞回曲线，分别得到三层子结构的能量耗散系数，得到这种新型结构的等效黏滞阻尼比；观察在子结构环筋扣合处的钢筋应变，分析结构在低周往复荷载作用下的应力传递规律；最后根据以上分析数据，综合评价装配式环筋扣合锚接混凝土剪力墙结构的抗震耗能性能。

（3）检验该新型建筑体系施工的合理性。根据装配式环筋扣合混凝土剪力墙子结构模型的加工制作，包括试件制作、运输与现场拼装，考察该新型建筑体系施工的可行性。

6.1 子结构模型的设计与制作

6.1.1 子结构模型设计

本试验的原结构为 30 层剪力墙结构，抗震设计等级为二级，七度设防，二类场

地，试验取原结构底部三层足尺子结构进行研究，子结构整体尺寸为 6200mm×3200mm，层高为 3000mm，墙体厚度为 200mm，楼板采用后浇叠合楼板，楼板预制部分的厚度为 60mm，现浇厚度为 50mm。子结构锚固底梁尺寸为 455mm×500mm。子结构平面图、立面图如图 6.1-1 所示。

子结构模型墙体水平连接和暗梁钢筋采用环筋扣合锚接，暗柱的竖向连接处钢筋采用一级螺栓套筒连接。

6.1.2 子结构模型拆分

与传统的现浇混凝土结构相比，装配式建筑需要将结构进行拆分，本试验也将子结构模型拆分为多个部件，各部件在工厂内制作完成并运到施工现场进行拼装。考虑到部件生产的可行性、部件运输和吊装的限制，将子结构模型全部拆分为一字型墙体。如图 6.1-2。

子结构模型的现浇部分采用 C45 免振捣混凝土，预制墙体部分采用 C40 混凝土，子结构模型的所有钢筋均采用 HRB400 钢筋。根据以上对子结构拆分与钢筋布置的方案，将拆分构件分为以下五类，如图 6.1-3～图 6.1-5 所示，表 6.1-1 列出了子结构构件统计表。

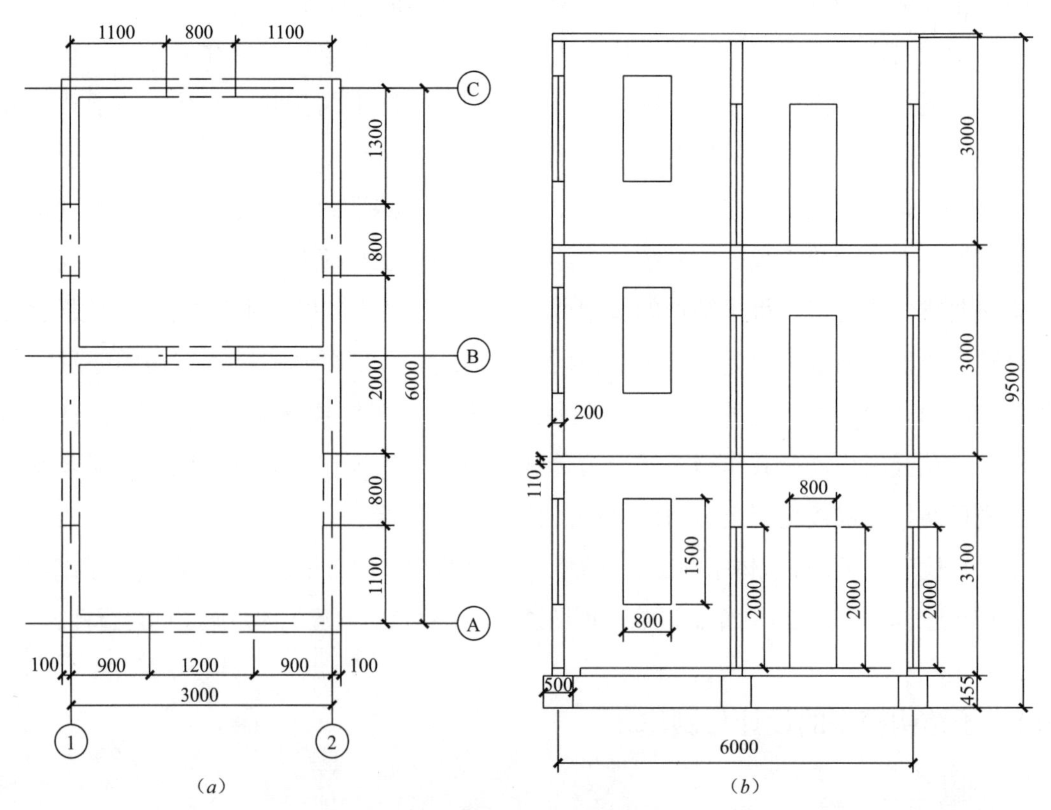

图 6.1-1 子结构试验模型尺寸图（一）

（a）子结构平面图；（b）子结构东西立面图

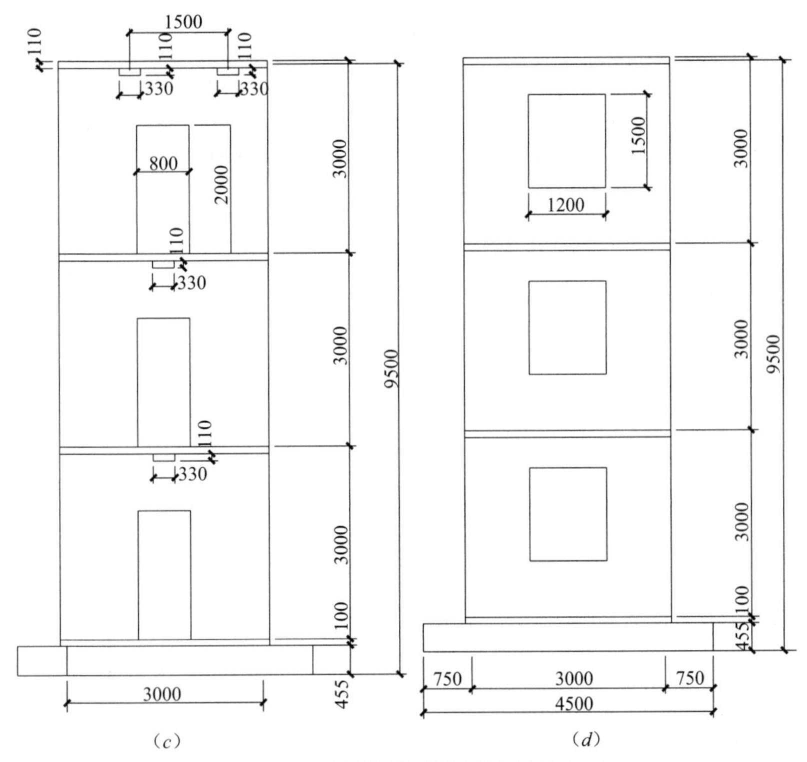

图 6.1-1 子结构试验模型尺寸图（二）

（c）子结构北立面；（d）子结构南立面

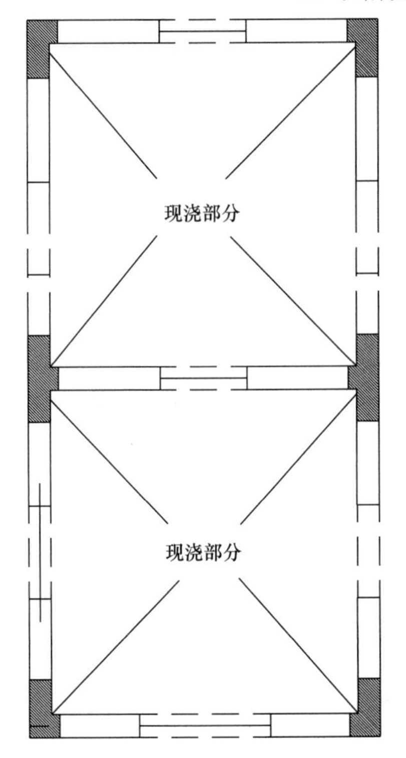

图 6.1-2 子结构墙体组成示意图

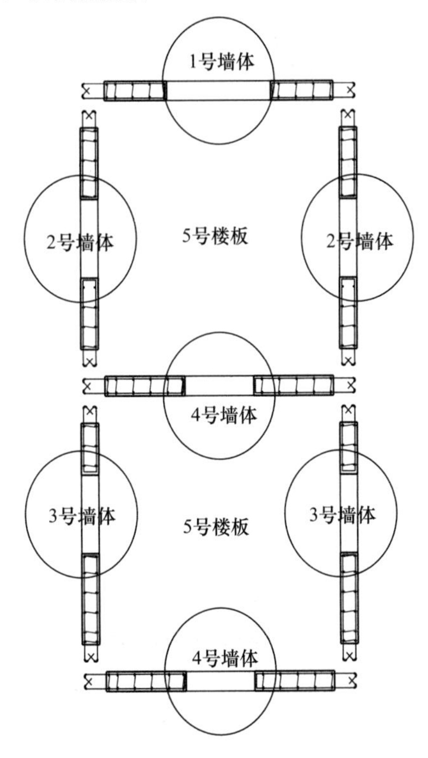

图 6.1-3 子结构墙体拆分图

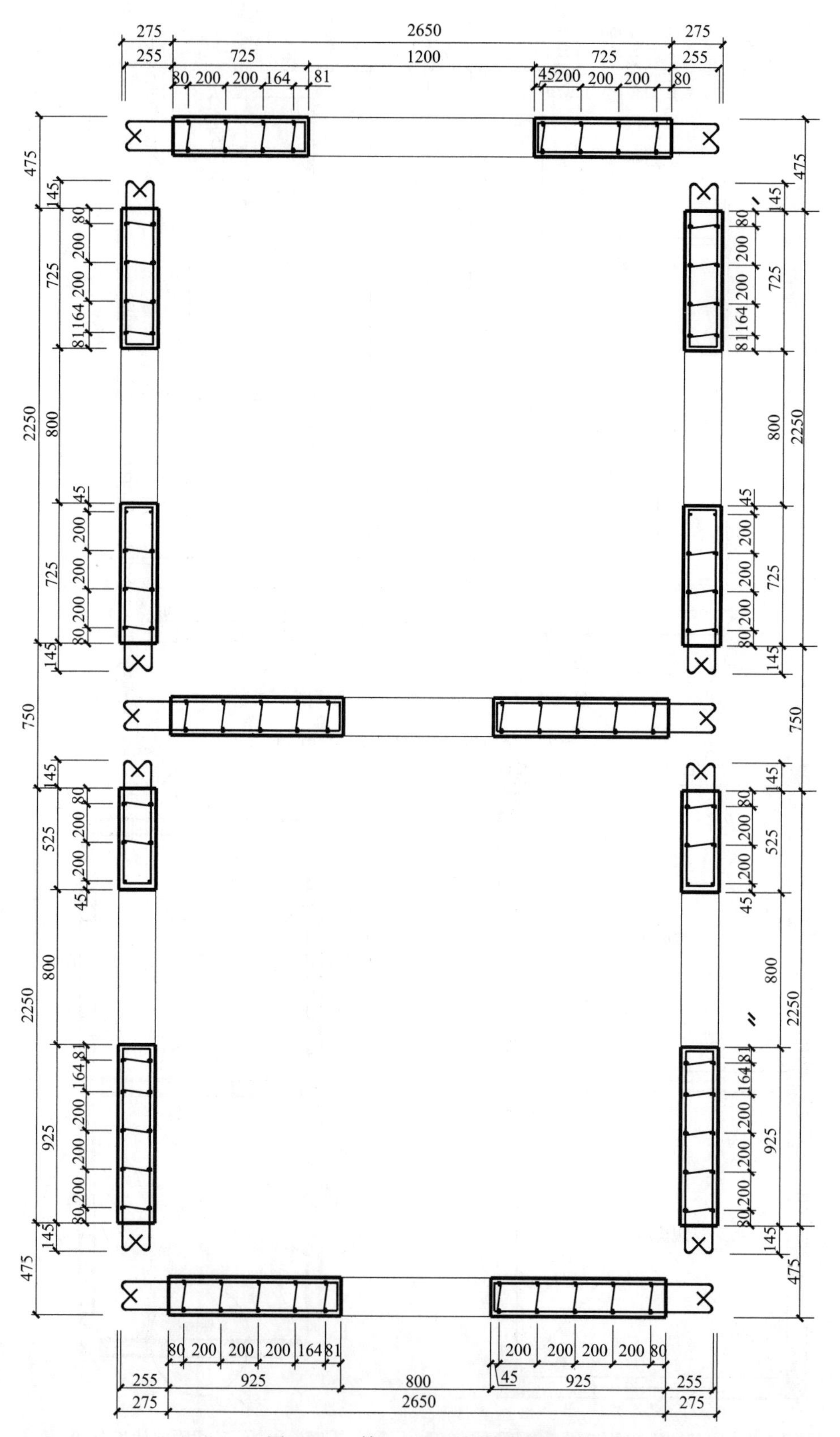

图 6.1-4　第一、三层钢筋布置图

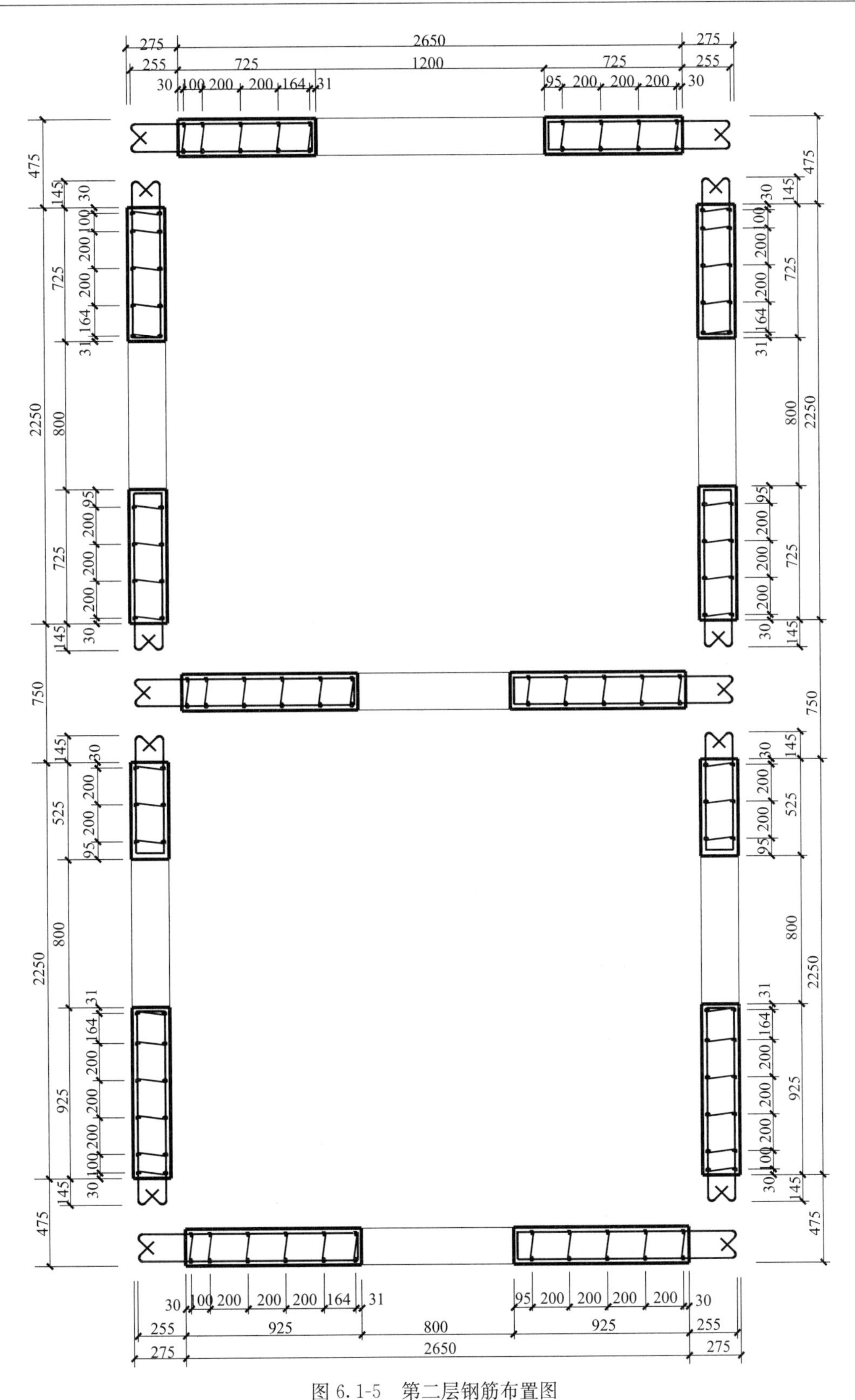

图 6.1-5 第二层钢筋布置图

子结构构件统计表 **表 6.1-1**

编号	构件形式	个数
1	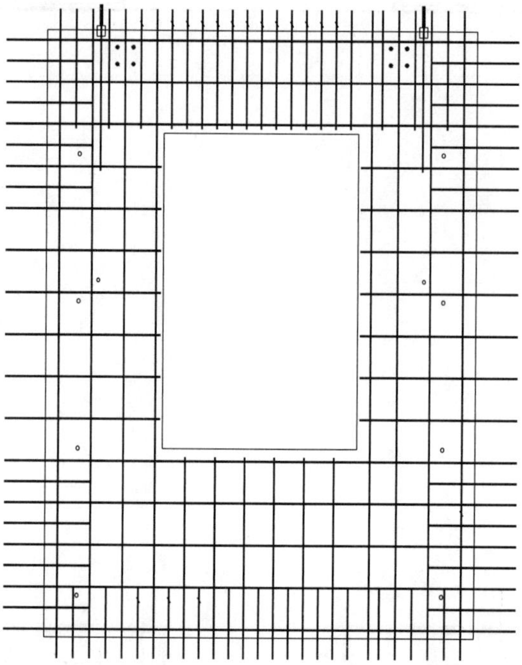	3
2	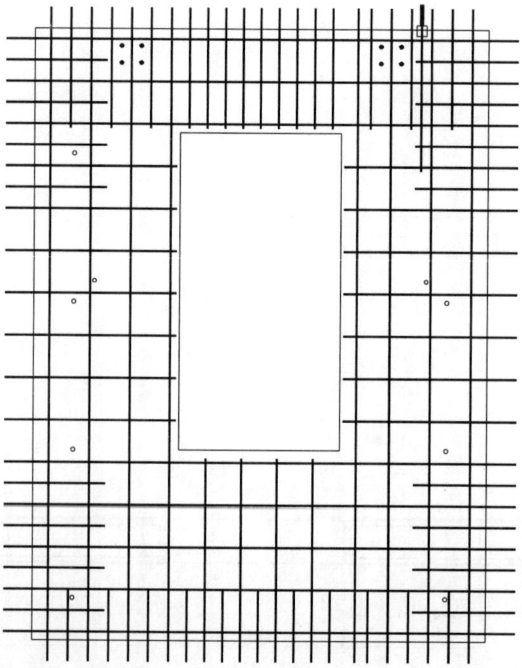	6

续表

编号	构件形式	个数
3	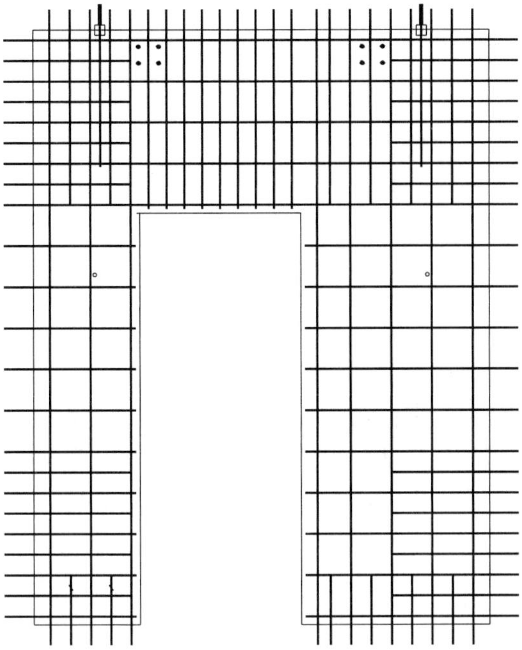	6
4	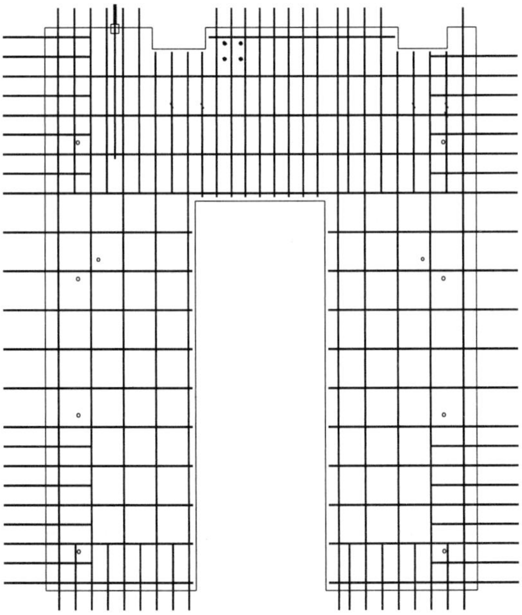	6

续表

编号	构件形式	个数
5	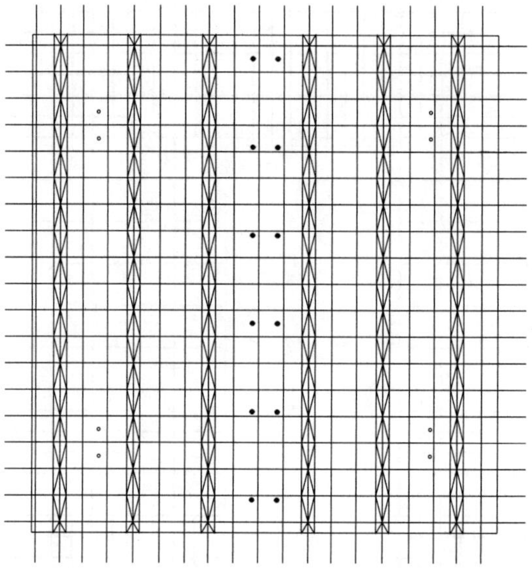	6

6.2　子结构拟动力试验

6.2.1　加载制度与量测内容

试件的拟动力试验按照《建筑抗震试验规程》JGJ/T 101—2015 中的相关规定进行加载。拟动力试验根据子结构混凝土剪力墙的轴压比施加竖向荷载，在第三层顶部通过预应力钢绞线，施加共约 6400kN 的竖向荷载。竖向加载装置采用四根长度为 4500mm、截面为 300×900HN 型钢作为加载梁，两根长度为 6200mm、截面为 200×300HM 型钢作为分配梁。采用 7 簇 15.2mm、极限强度标准值为 1860MPa 的钢绞线，共八根同型号钢绞线进行竖向加载；通过放置于加载梁顶部的力传感器，对竖向荷载进行实时监测，如图 6.2-1 所示。将子结构底梁与实验室地面通过地锚栓牢固连接，防止在水平力的作用下，模型发生整体移动，为进一步加强底梁，将子结构底梁与反力墙用型钢进行刚性连接，从而减小子结构模型整体移动。

水平方向通过在子结构三层楼板处分别设置作动器施加水平荷载，第一层作动器量程

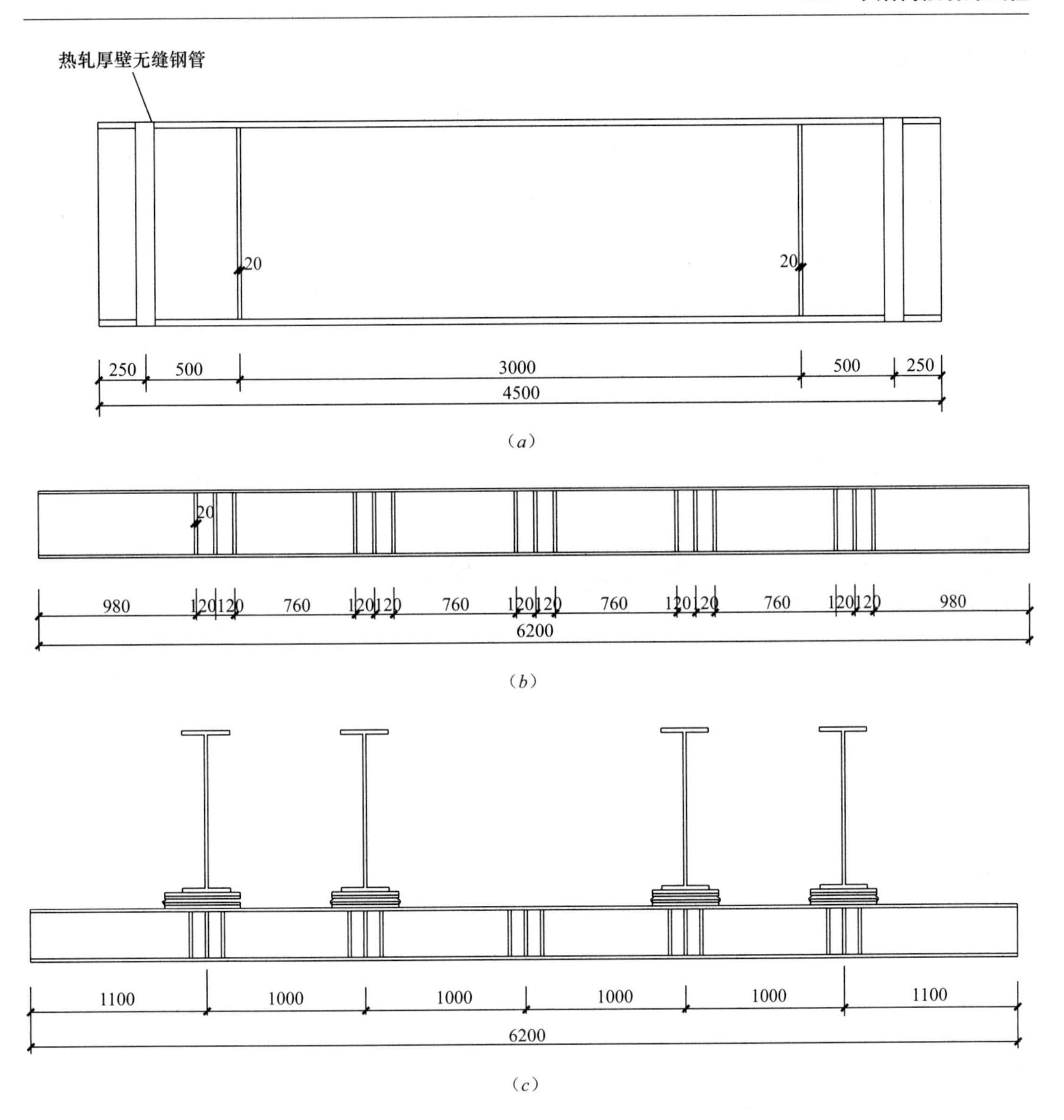

图 6.2-1 竖向加载装置设计图

(a) 加载梁设计图；(b) 分配梁设计图；(c) 模型顶部竖向加载系统示意图

为±1000kN，第二层作动器为±1000kN，第三层采用两个作动器，量程分别为±1000kN、±2000kN，模拟地震动作用，如图 6.2-2 所示。

本试验采用 Elcentro 地震波，截取 0～20s 的地震记录，对模型施加由小到大(35gal→70gal→220gal) 的地震动作用，如图 6.2-3 所示，以判断结构在多遇地震和罕遇地震情况下的抗震性能。试验通过哈工大自主研发的试验软件 HYTEST 对子结构进行拟动力加载，该软件能够对结构的刚度进行实时反馈计算，从而得到结构更加符合实际的抗震性能。

6.2.2 试验现象

本试验在子结构模型的一层、二层和三层楼板厚度的中心位置处，对称布置两个高精度位移计，每层位移读取两个位移计的平均值，从而保证试验数据的准确性。同时，比较同层两个位移差值，控制子结构不发生扭转变形。通过布置在暗梁与暗柱处的应变片，检测钢筋的应力变化。

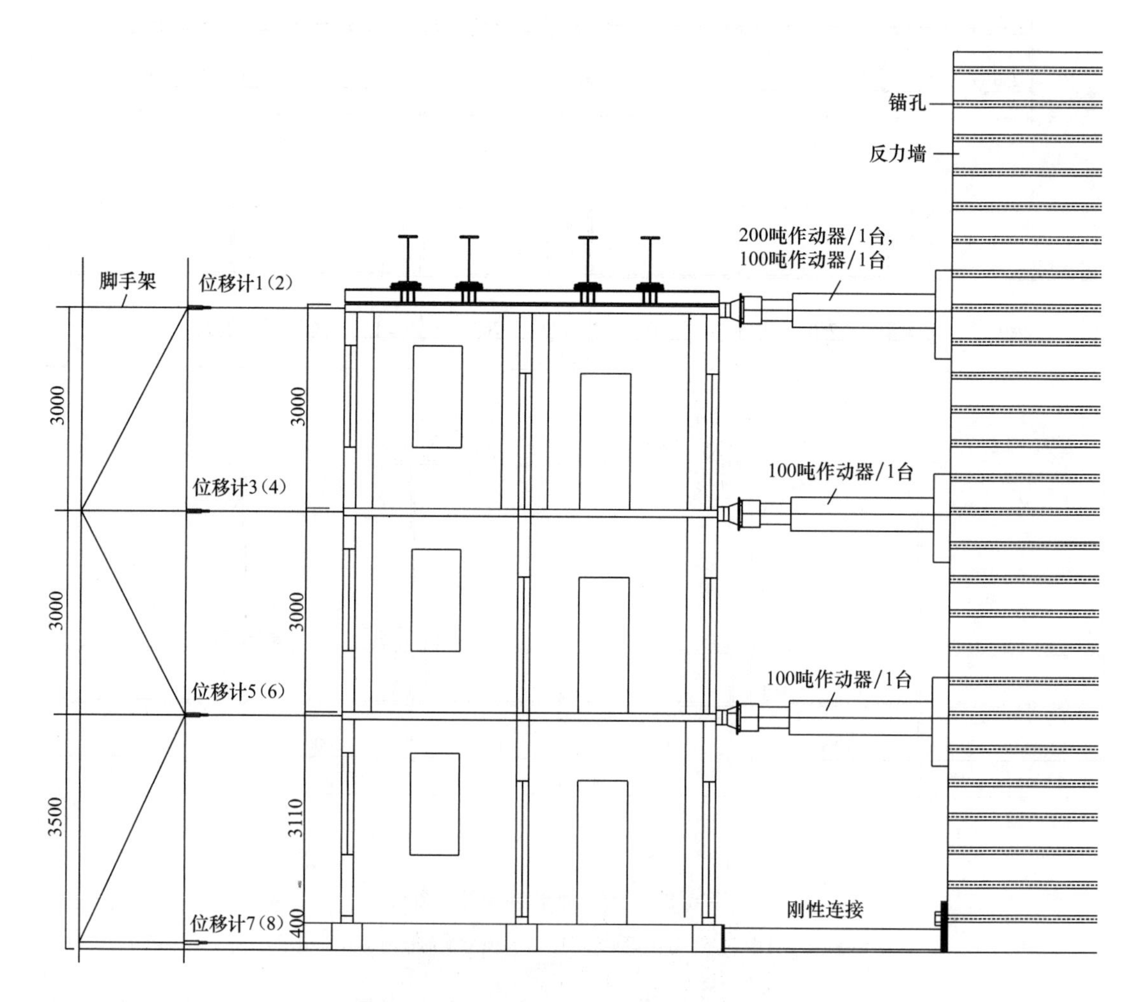

图 6.2-2 子结构拟动力试验加载示意图

开展在 35gal、70gal、220gal 的 Elcentro 地震波作用下的拟动力试验时，结构模型的位移很小，没有产生明显裂缝。

6.2.3 试验数据结果分析

1. 位移时程曲线

图 6.2-6（见书后彩图）为不同峰值加速度作用下，测得的子结构各层位移时程曲线。

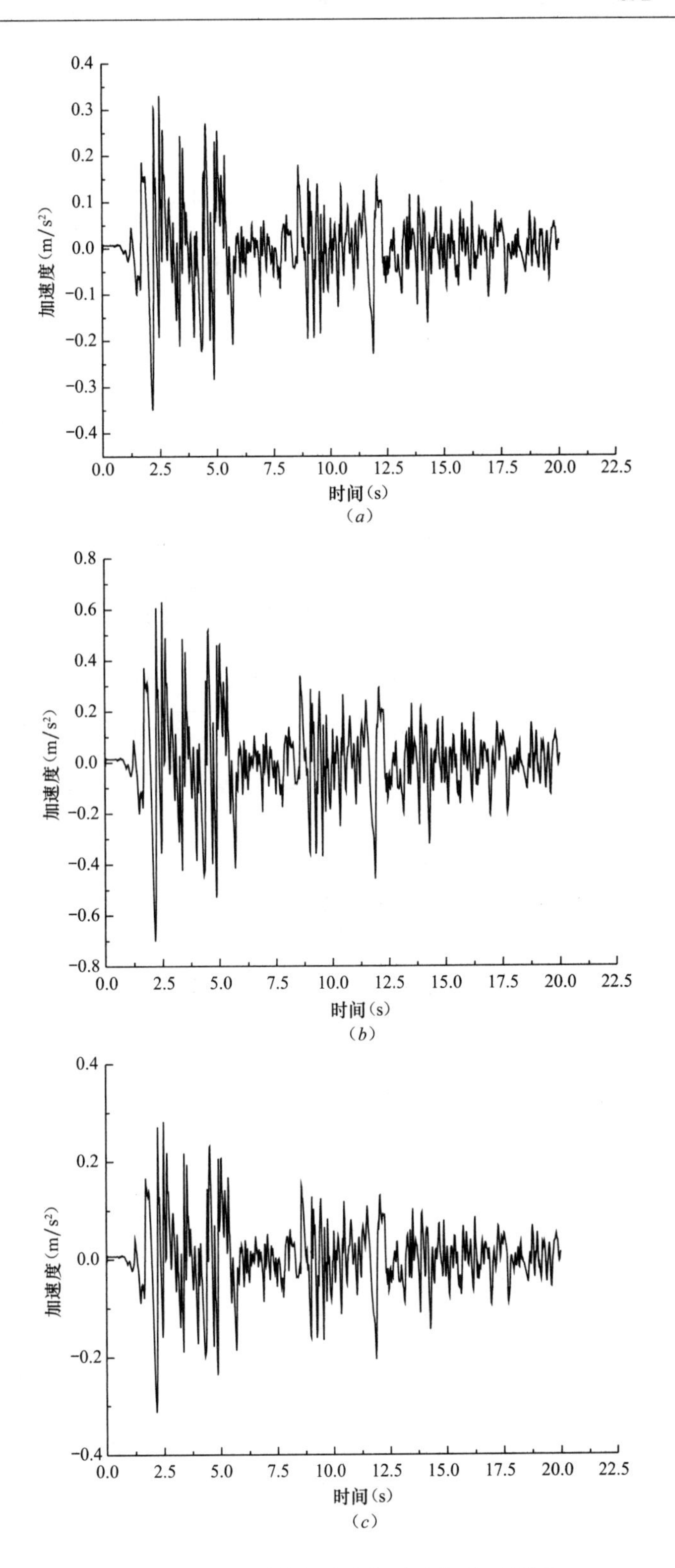

图 6.2-3 子结构拟动力加速度加载时程图

(*a*) 35gal 地震动时程；(*b*) 70gal 地震动时程曲线；(*c*) 220gal 地震动时程曲线

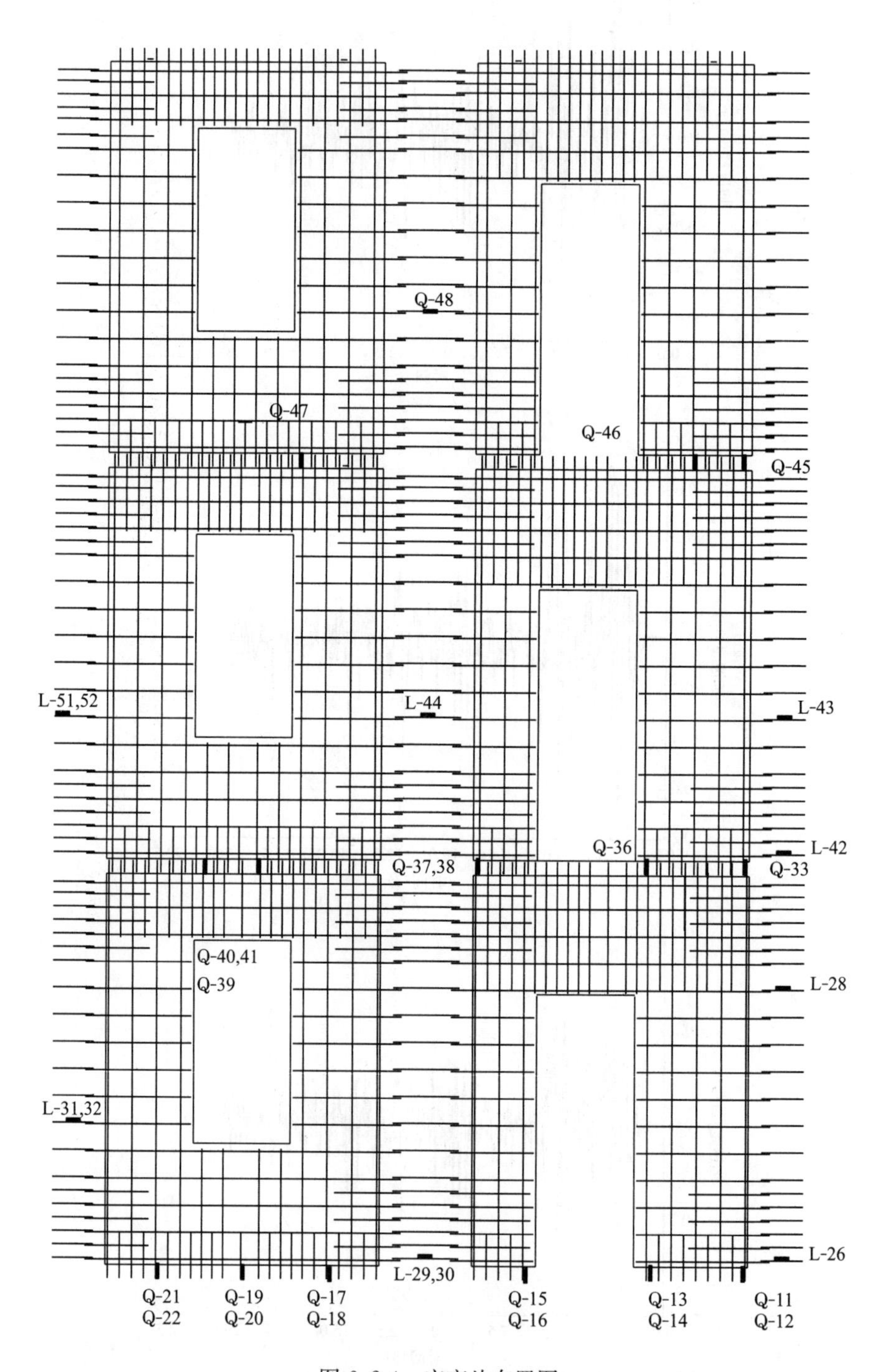
Q-48
Q-47
Q-46
Q-45
L-51,52
L-44
L-43
Q-36
L-42
Q-37,38
Q-33
Q-40,41
Q-39
L-28
L-31,32
L-26
L-29,30
Q-21
Q-22
Q-19
Q-20
Q-17
Q-18
Q-15
Q-16
Q-13
Q-14
Q-11
Q-12

图 6.2-4 应变片布置图

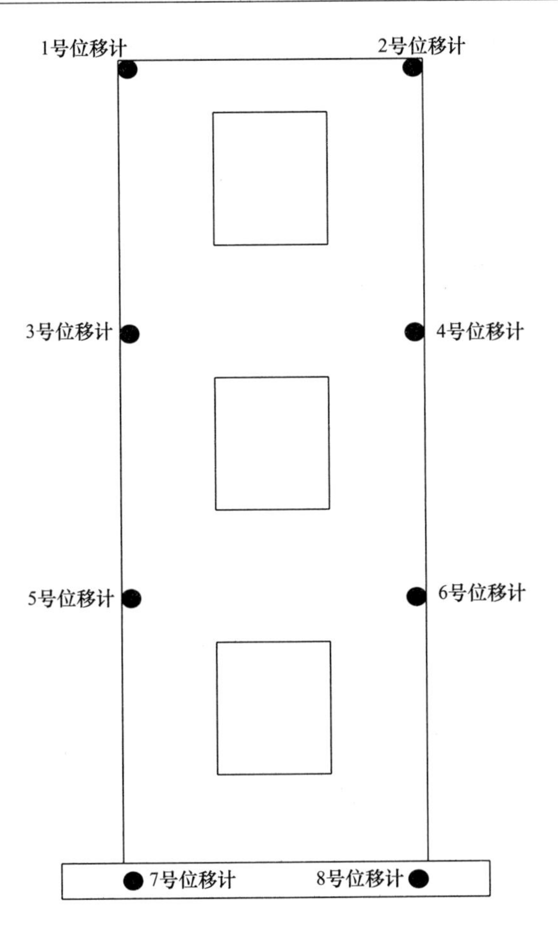

图 6.2-5　位移计布置图

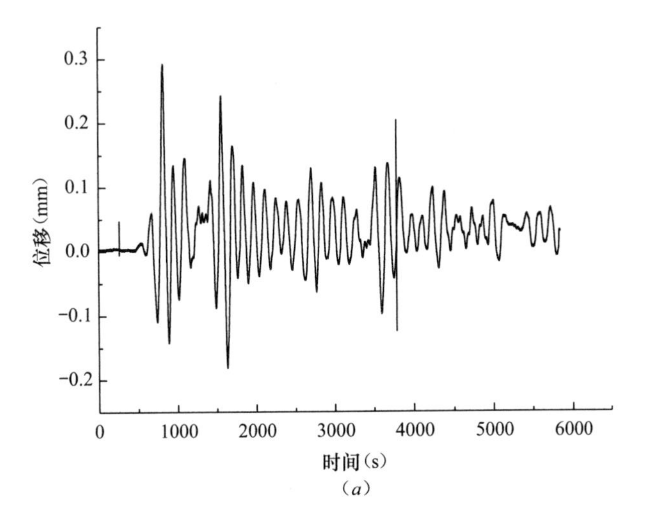

图 6.2-6　子结构拟动力位移时程曲线（一）

（a）35gal 第一层位移时程

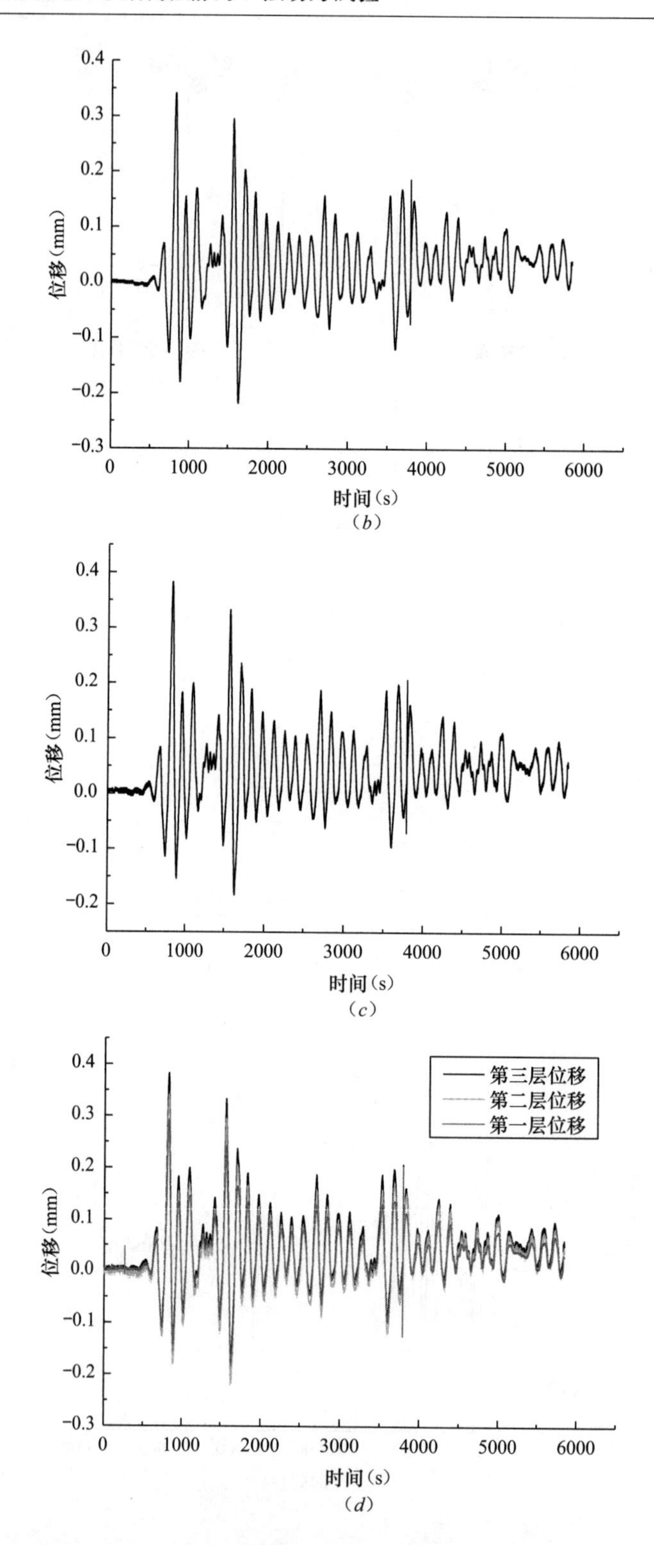

图 6.2-6 子结构拟动力位移时程曲线（二）

(*b*) 35gal 第二层位移时程曲线；(*c*) 35gal 第三层位移时程曲线；(*d*) 35gal 地震动作用下位移时程对比图

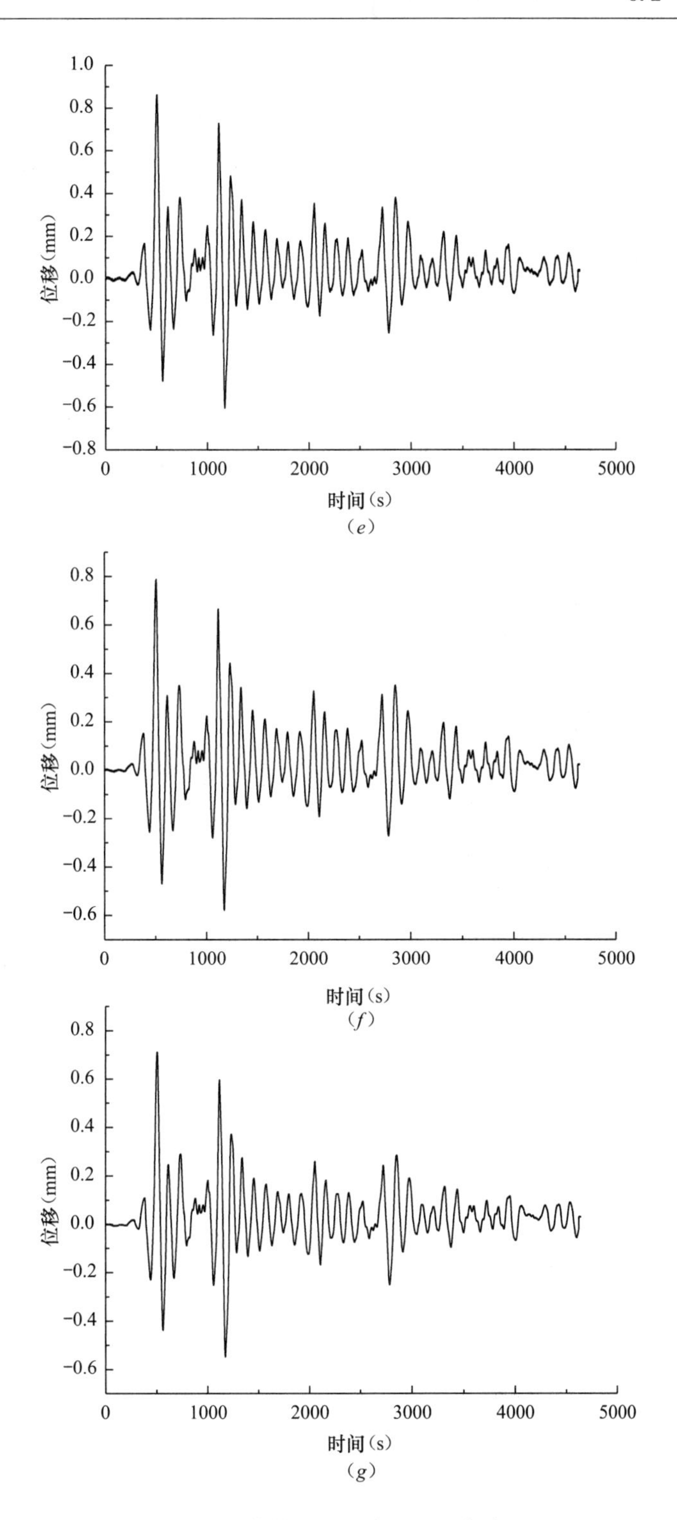

图 6.2-6 子结构拟动力位移时程曲线（三）

(*e*) 70gal 第一层位移时程；(*f*) 70gal 第二层位移时程；(*g*) 70gal 第三层位移时程

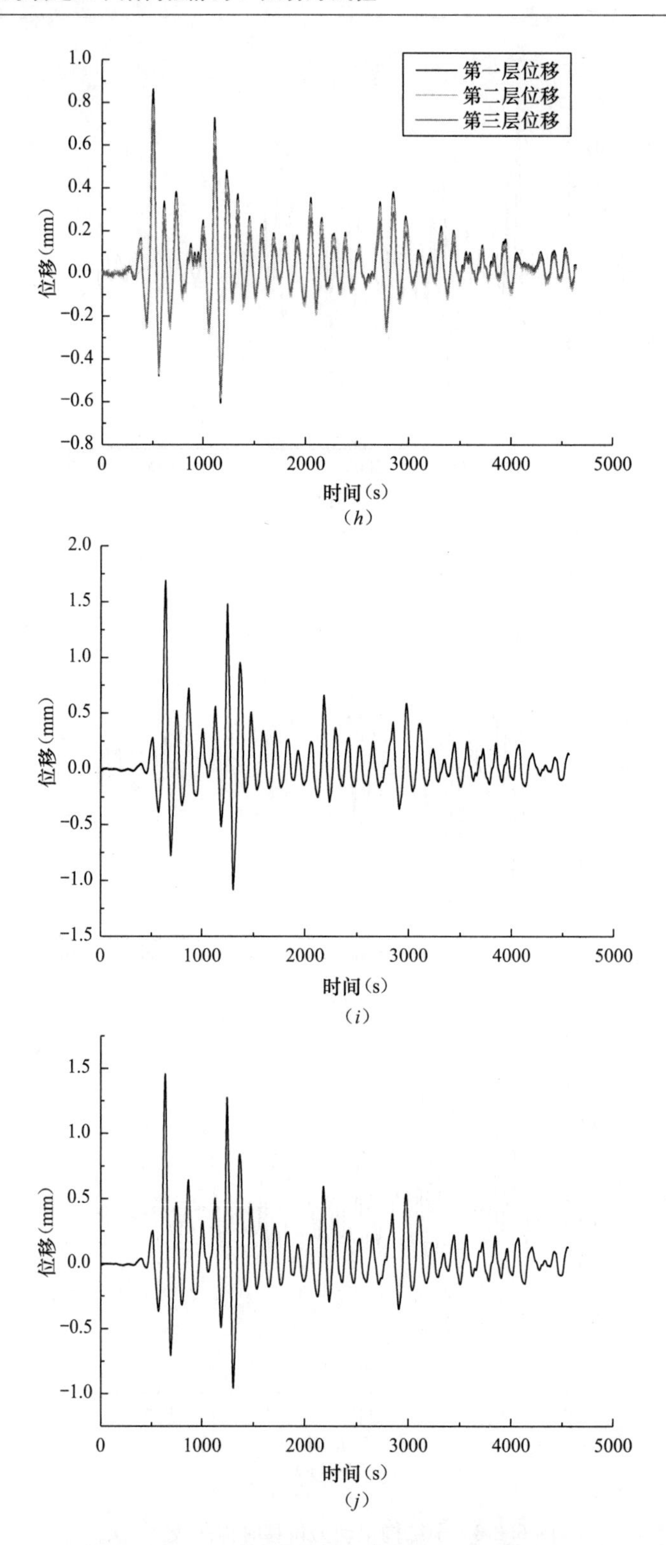

图 6.2-6　子结构拟动力位移时程曲线（四）

(*h*) 70gal 地震动下位移时程对比图；(*i*) 220gal 第一层位移时程曲线；(*j*) 220gal 第二层位移时程曲线

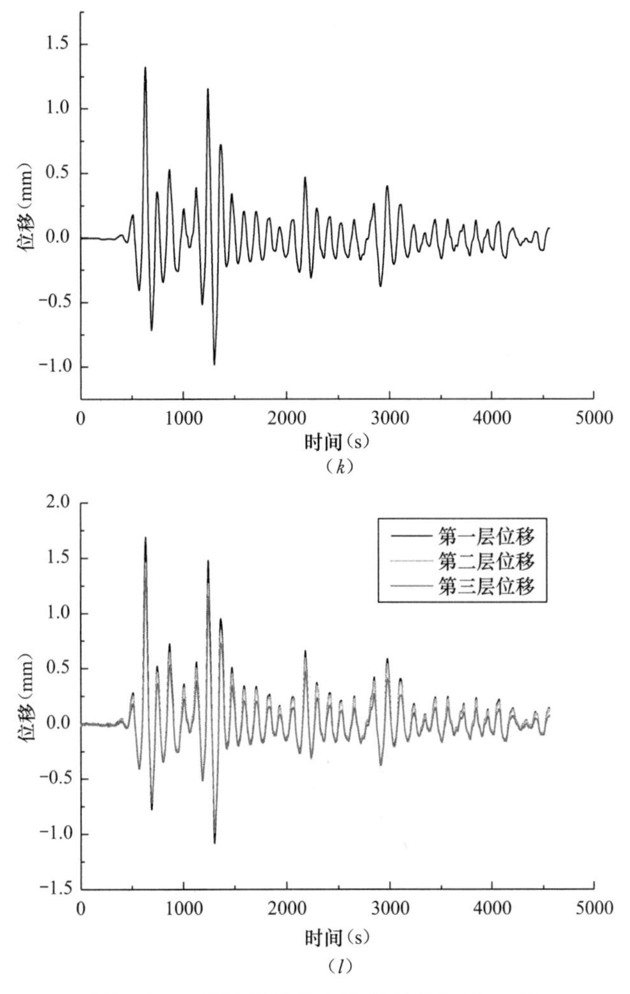

图 6.2-6 子结构拟动力位移时程曲线（五）

(k) 220gal 第三层位移时程曲线；(l) 220gal 地震动下的位移时程对比图

通过观察以上子结构位移时程曲线，发现子结构模型在地震动幅值 35gal、70gal 和 220gal 的作用下，位移响应的波形基本一致，峰值点出现的时刻大体相同，但响应幅值有所不同。随着地震动幅值的增加，结构的位移响应逐渐增大。产生这种现象的主要原因是由于子结构模型在三种地震动幅值作用下仍然保持在弹性工作范围内，在拟动力试验过程中，子结构模型没有裂缝产生的现象也可以印证这一点。

2. 滞回曲线

本试验依次进行峰值加速度为 35gal、70gal、220gal 的拟动力试验，每一层滞回曲线如图 6.2-7～图 6.2-9 所示。

从以上子结构在 35gal、70gal、220gal 地震动峰值加速度作用下的荷载位移曲线，可以发现结构在这三种地震动作用下的位移很小，第二层与第三层的加载与卸载路径基本重合，判断此时结构仍处于弹性工作阶段。第一层的加载与卸载路径没有重合，

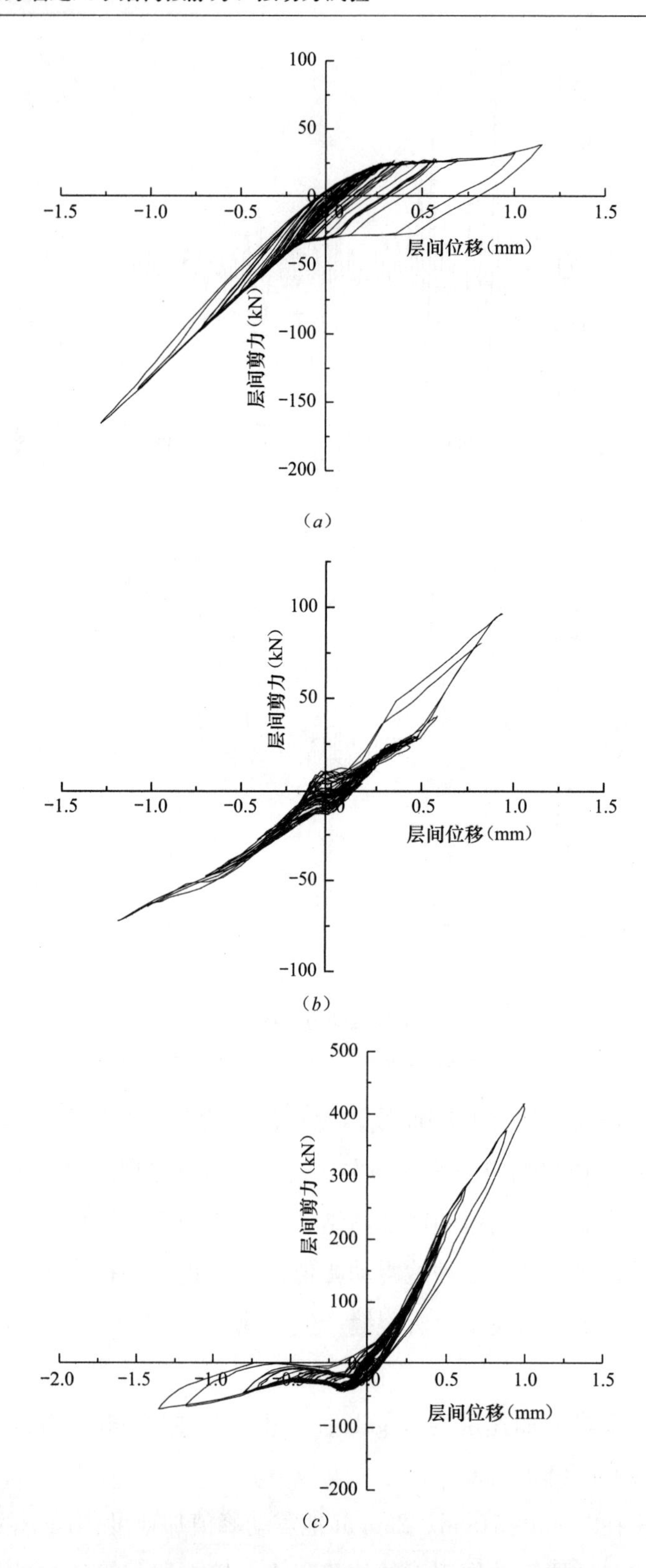

图 6.2-7 35gal 滞回曲线

(a) 35gal 第一层滞回曲线；(b) 35gal 第二层滞回曲线；(c) 35gal 第三层滞回曲线

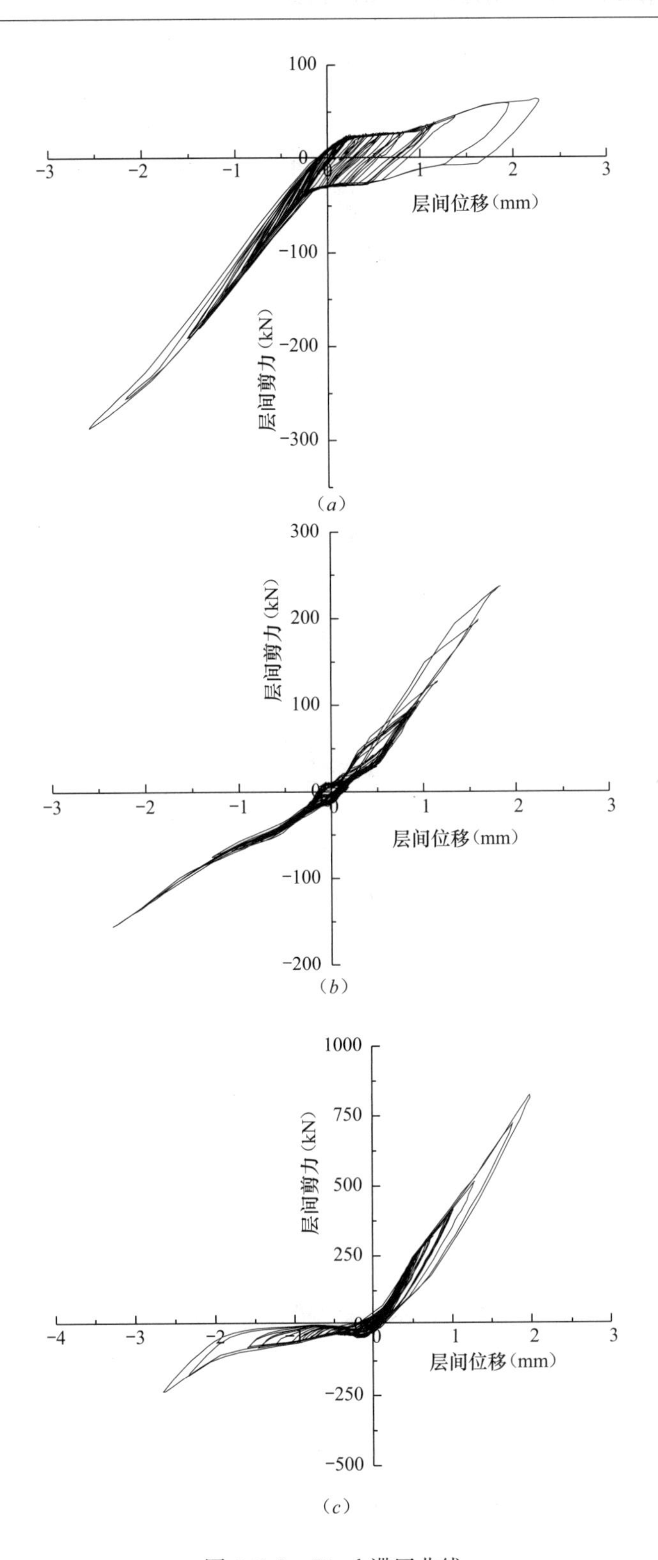

图 6.2-8 70gal 滞回曲线

(a) 70gal 第一层滞回曲线；(b) 70gal 第二层滞回曲线；(c) 70gal 第三层滞回曲线

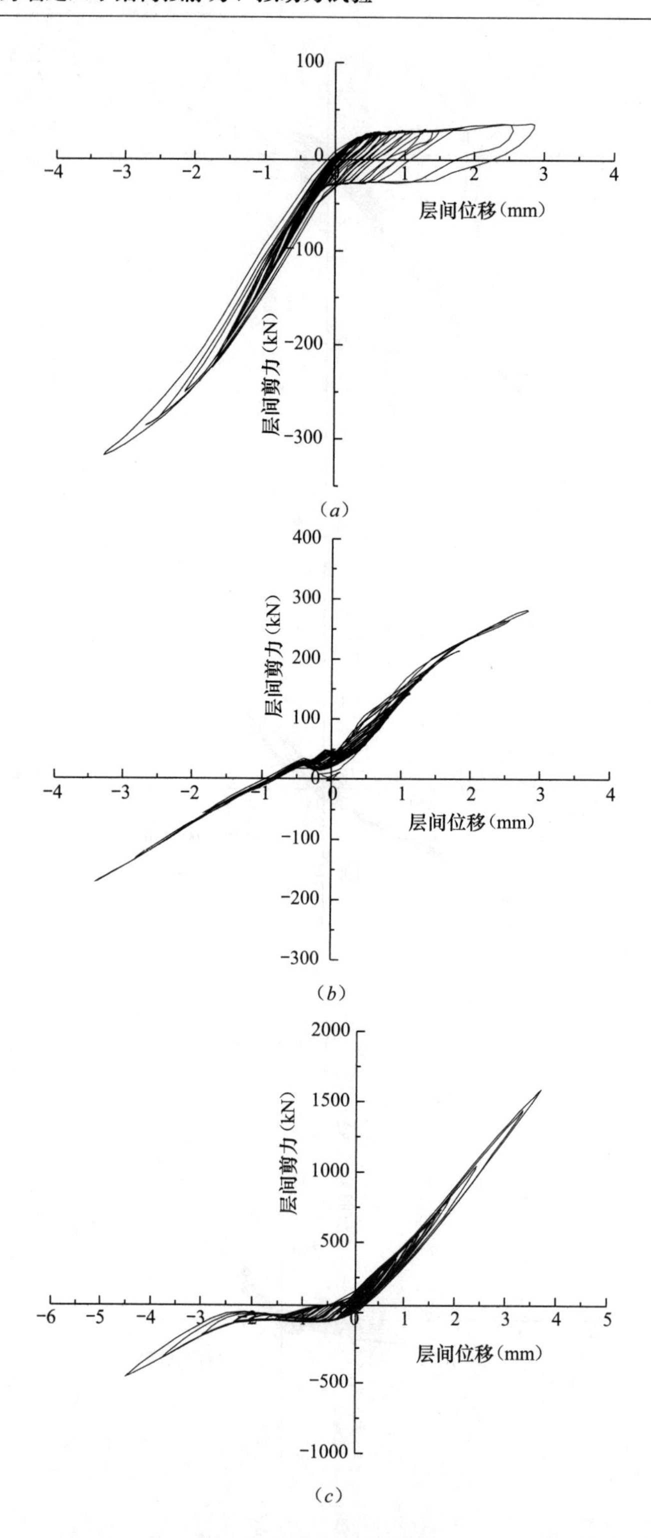

图 6.2-9 220gal 滞回曲线

(a) 220gal 第一层滞回曲线；(b) 220gal 第二层滞回曲线；(c) 220gal 第三层滞回曲线

这主要是由于作动器与结构相连的加载装置发生相对滑移所造成的。结合现场对子结构模型裂缝发展的观察，发现结构在拟动力试验中，没有产生明显的裂缝，该结构始终处于弹性工作阶段。

3. 层间位移角

在进行拟动力试验时，通过高精度位移计分别获得子结构三个楼层的位移，子结构的层高均为3000mm，从而获得在不同地震动作用下的层间位移角，如表6.2-1所示。

子结构在不同峰值加速度作用下的层间位移角 **表6.2-1**

层数	35gal		70gal		220gal	
	负向	正向	负向	正向	负向	正向
1	1/2362	1/2609	1/1158	1/1315	1/914	1/1048
2	1/2542	1/3225	1/1271	1/1648	1/890	1/1071
3	1/2222	1/3000	1/1127	1/1515	1/671	1/813

从以上数据可以看出：子结构在进行地震动峰值加速度为35gal、70gal的拟动力试验时，装配式环筋扣合锚接混凝土剪力墙结构层间位移小于《混凝土结构设计规范》中对按弹性方法考虑多遇地震作用下的层间位移与层高之比的限值（1/1000）要求，在整个试验过程中，子结构没有出现明显的裂缝，结构能够满足“小震不坏”的设防目标。在进行地震动峰值为220gal的拟动力试验时，子结构的最大层间位移与层高之比均小于《混凝土结构设计规范》对层间位移角限值的要求，结构满足“大震不倒”的设防标准。

4. 钢筋应变

根据子结构模型钢筋应变片布置方案，每层选取具有代表性的应变片所测得的钢筋应变为代表，第一层取L-26、第二层取L-42、第三层取Q-47，钢筋应变如图6.2-10和图6.2-11所示。

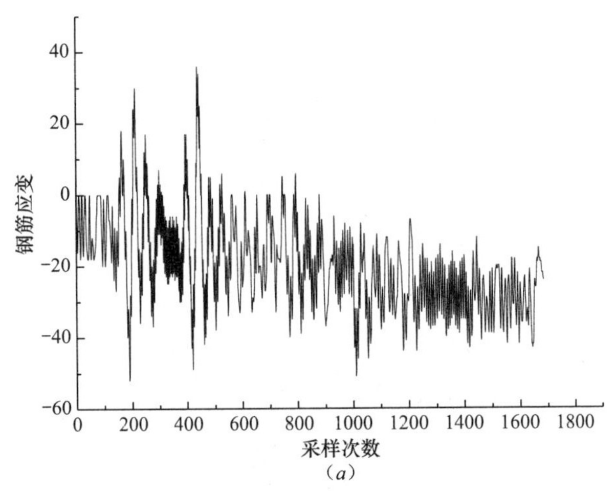

图6.2-10 子结构环筋扣合处钢筋应变图（一）

（a）35gal第一层环筋扣合处应变

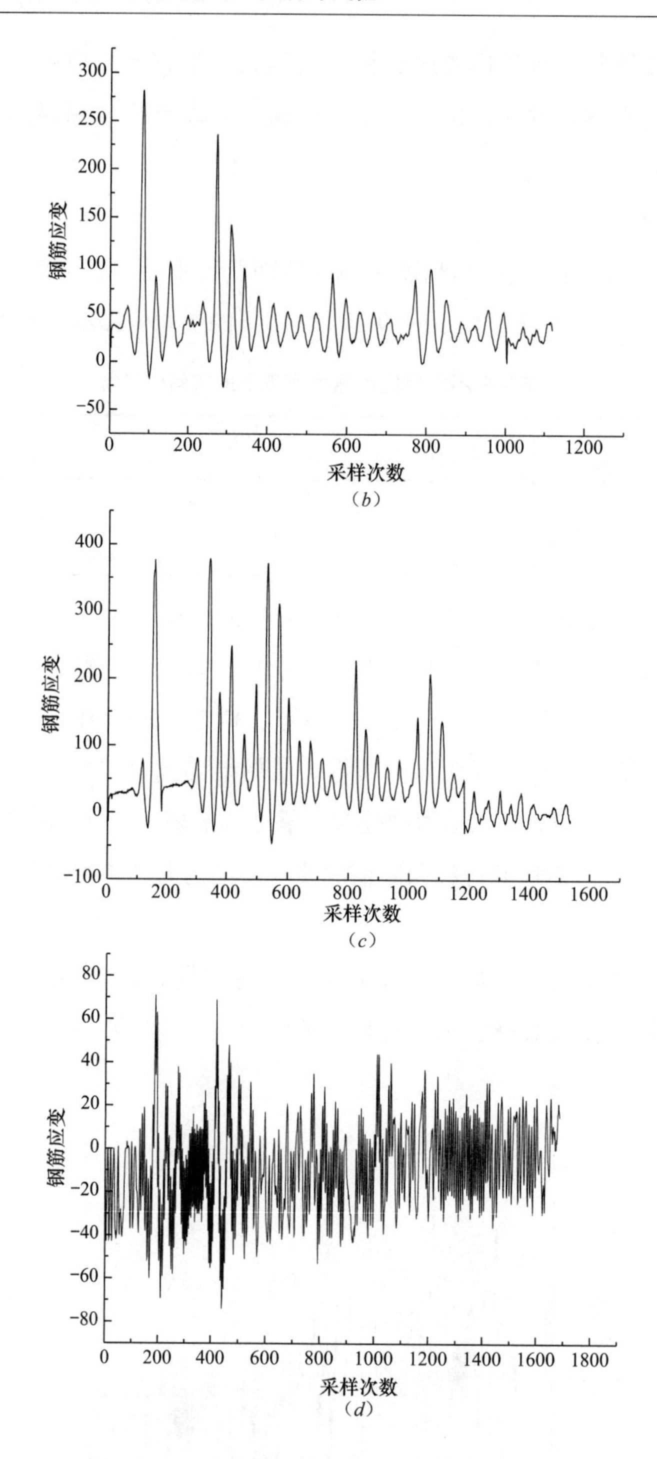

图 6.2-10 子结构环筋扣合处钢筋应变图（二）

(*b*) 70gal 第一层环筋扣合处应变；(*c*) 220gal 第一层环筋扣合处钢筋应变；

(*d*) 35gal 第二层环筋扣合处钢筋应变

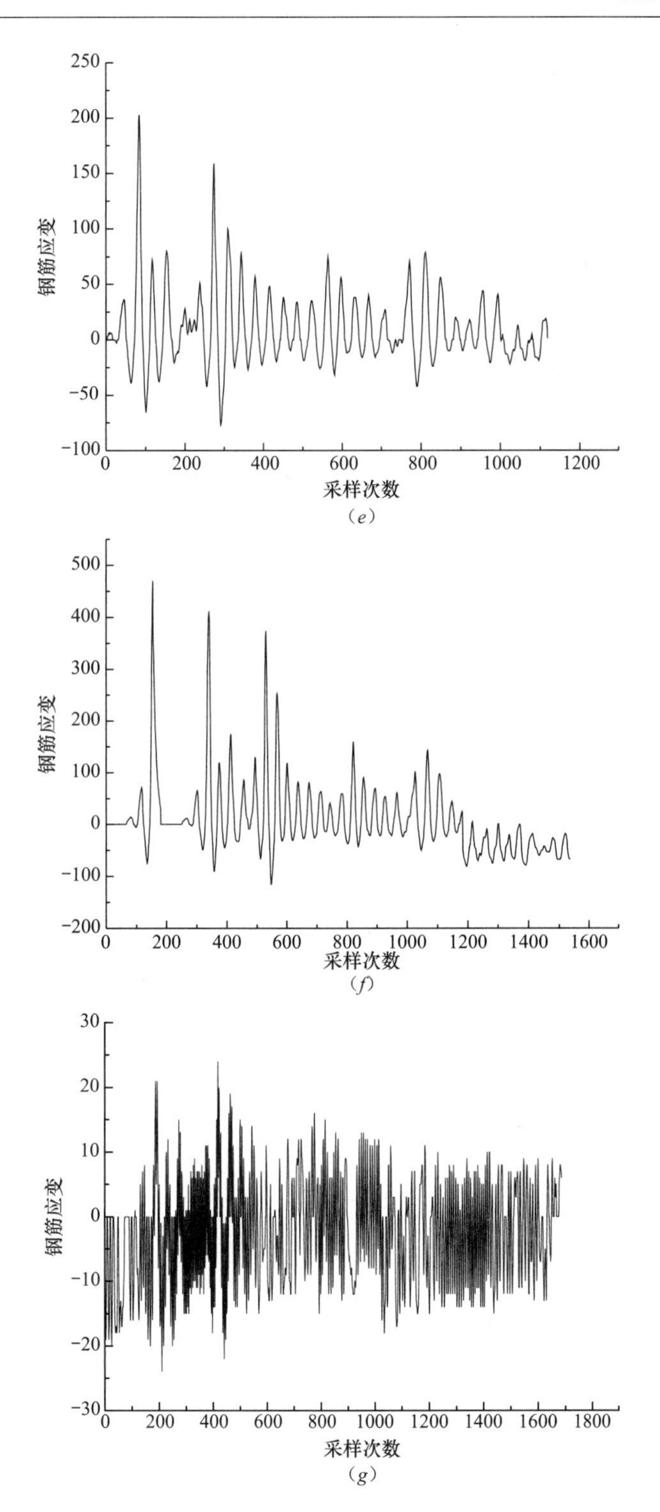

图 6.2-10 子结构环筋扣合处钢筋应变图（三）

(*e*) 70gal 第二层环筋扣合处钢筋应变；(*f*) 220gal 第二层环筋扣合处钢筋应变；

(*g*) 35gal 第三层环筋扣合处钢筋应变

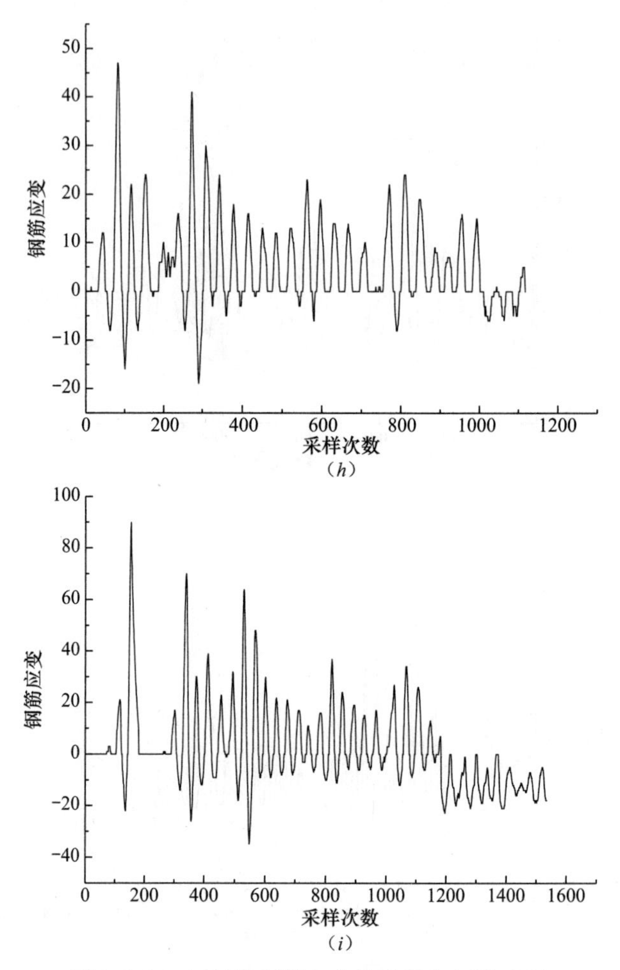

图 6.2-10 子结构环筋扣合处钢筋应变图（四）

（*h*）70gal 第三层环筋扣合处钢筋应变；（*i*）220gal 第三层环筋扣合处钢筋应变

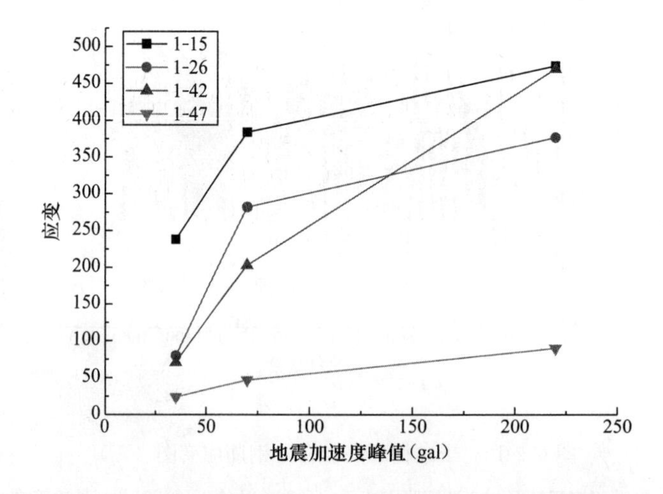

图 6.2-11 子结构钢筋最大应变随地震加速度峰值变化图

通过对子结构模型进行拟动力试验，发现随地震动幅值的增加，子结构模型的钢筋应变呈现增大的趋势，说明这种连接方式能够有效地传递荷载；由于钢筋所粘贴的应变片不可避免地在施工与试验过程中出现损坏与受到干扰，造成上述钢筋应变结果存在一定的偏离中和轴现象。在三种地震动作用下，钢筋应变均较小，即使在 220gal 地震动作用下，钢筋的最大应变也没有达到屈服应变，判断子结构仍处于弹性工作阶段。

6.3 子结构拟静力试验

6.3.1 加载制度与量测内容

试件的拟静力试验依照《建筑抗震试验方法规程》JGJ 101—2015 中的规定进行加载。本试验采用位移控制对子结构模型进行低周往复加载，使结构从弹性阶段到塑性阶段，直至破坏。拟静力试验通过使用第三层的两个作动器（±1000kN、±2000kN，其中 2000kN 的作动器所能提供的最大拉力为 1100kN，最大推力为 1800kN）对子结构施加水平荷载，作动器推力为正向加载，拉力为负向加载，每级位移控制加载循环两次。本试验根据作动器的加载能力，当 2000kN 作动器达到最大拉力后，仅对子结构施加推力。拟静力试验不施加竖向荷载，试验的位移计布置、应变片布置与拟动力试验相同，如图 6.3-1～图 6.3-2 所示。

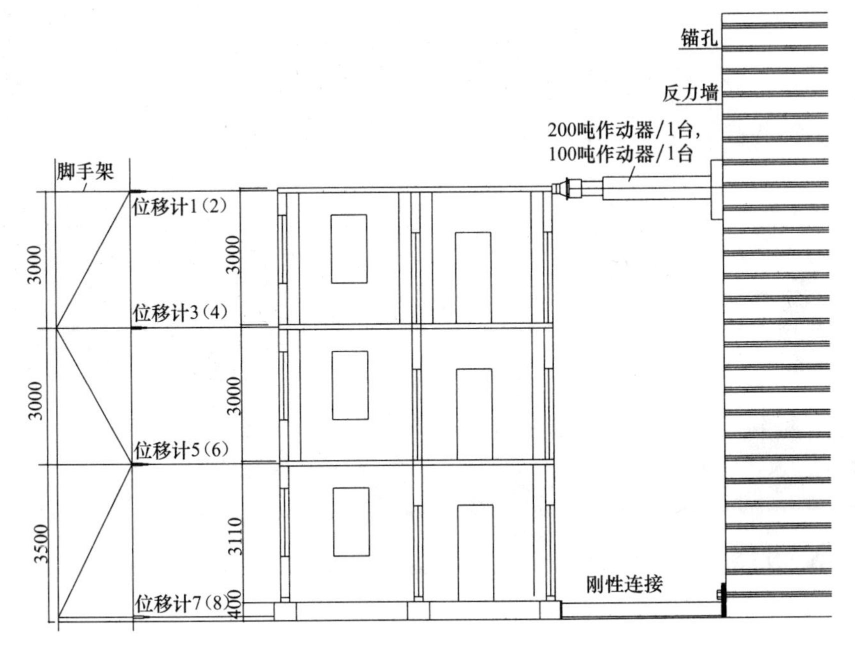

图 6.3-1 子结构拟静力试验加载图

图 6.3-2 子结构拟静力试验加载实物图

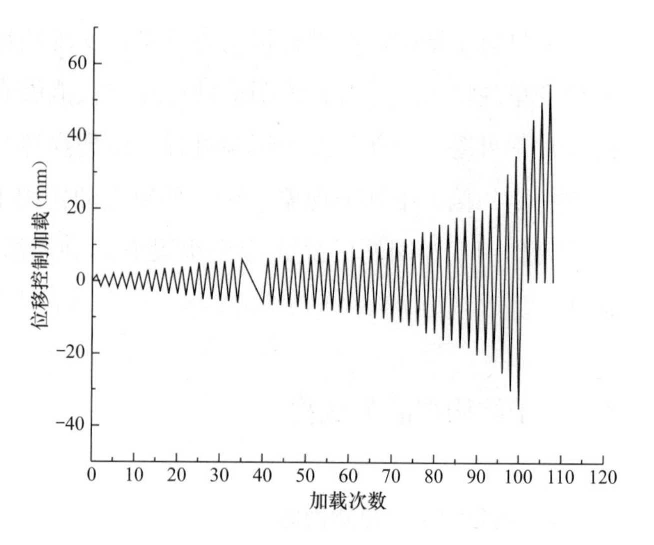

图 6.3-3 子结构拟静力试验加载制度

6.3.2 试验现象

在子结构拟静力试验过程中，墙体依次出现以下工况：开裂、较多裂缝、较宽裂缝、竖向裂缝、达到层间弹塑性位移角 1/120，如图 6.3-4 所示。

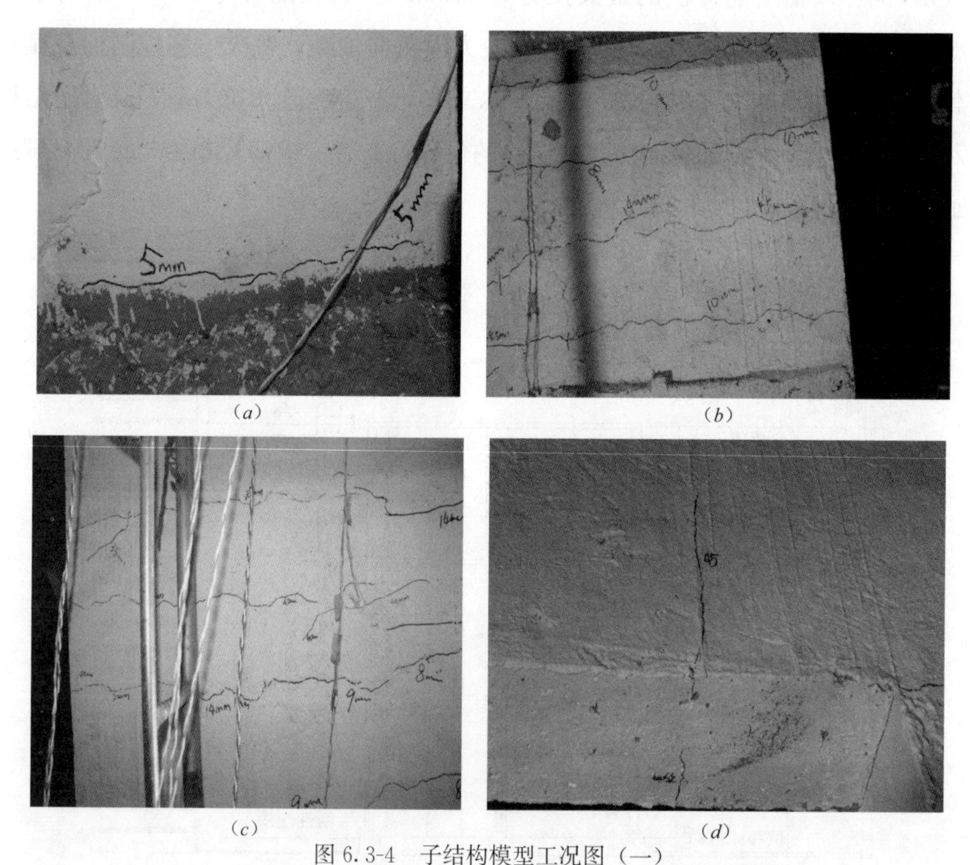

图 6.3-4 子结构模型工况图（一）

(*a*) 开裂；(*b*) 较多裂缝；(*c*) 较宽裂缝；(*d*) 竖向裂缝

（e）

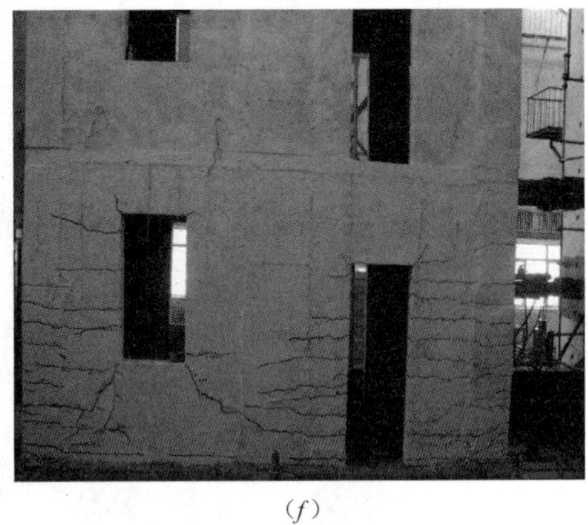
（f）

图 6.3-4　子结构模型工况图（二）
（e）达到层间弹塑性位移角 1/120；（f）加载结束

根据试验记录，各工况下对应的荷载如表 6.3-1 所示：

子结构模型工况分析（kN）　　**表 6.3-1**

模型工况	开裂	较多裂缝	较宽裂缝	竖向裂缝	达到层间弹塑性位移角（1/120）
荷载	1232	1710	1822	2275	2300

子结构模型破坏后的照片如图 6.3-5 所示：

（a）

（b）

图 6.3-5　子结构模型破坏照片（一）
（a）子结构模型东立面破坏照片；（b）子结构模型南立面破坏照片

(c)

图 6.3-5 子结构模型破坏照片（二）

(c) 子结构模型北立面破坏照片

6.3.3 试验结果分析

对装配式环筋扣合锚接混凝土剪力墙子结构进行拟静力试验，通过观察试验破坏现象，结合钢筋应变、墙体位移和滞回曲线等数据，对其变形能力、水平承载能力、耗能能力进行分析，综合评价这种新型体系的抗震性能。

1. 滞回曲线

滞回曲线是在往复荷载作用下，得到结构的荷载—位移曲线，其能够反映结构在往复加载过程中的变形特征、刚度退化及能量消耗，是确定恢复力模型和进行非线性地震反应分析的依据。

子结构模型的滞回曲线通过采集第三层的水平力及各楼层的位移获得。通过往复施加水平力，得到随水平力变化的位移变化值。用采集到的对应数据点作图，即可得到试件的滞回曲线，如图 6.3-6～图 6.3-7 所示。

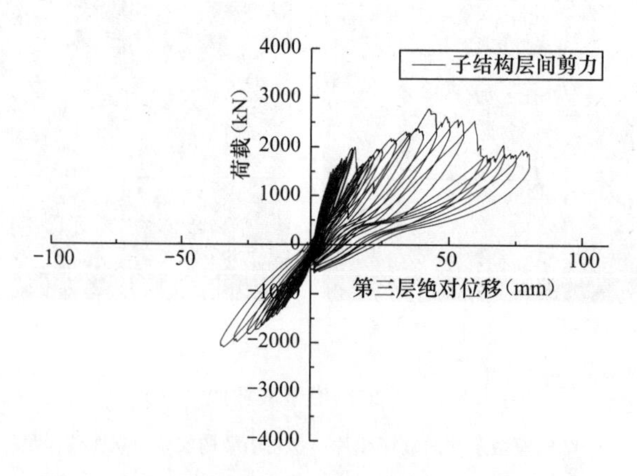

图 6.3-6 子结构第三层加载滞回曲线（绝对位移）

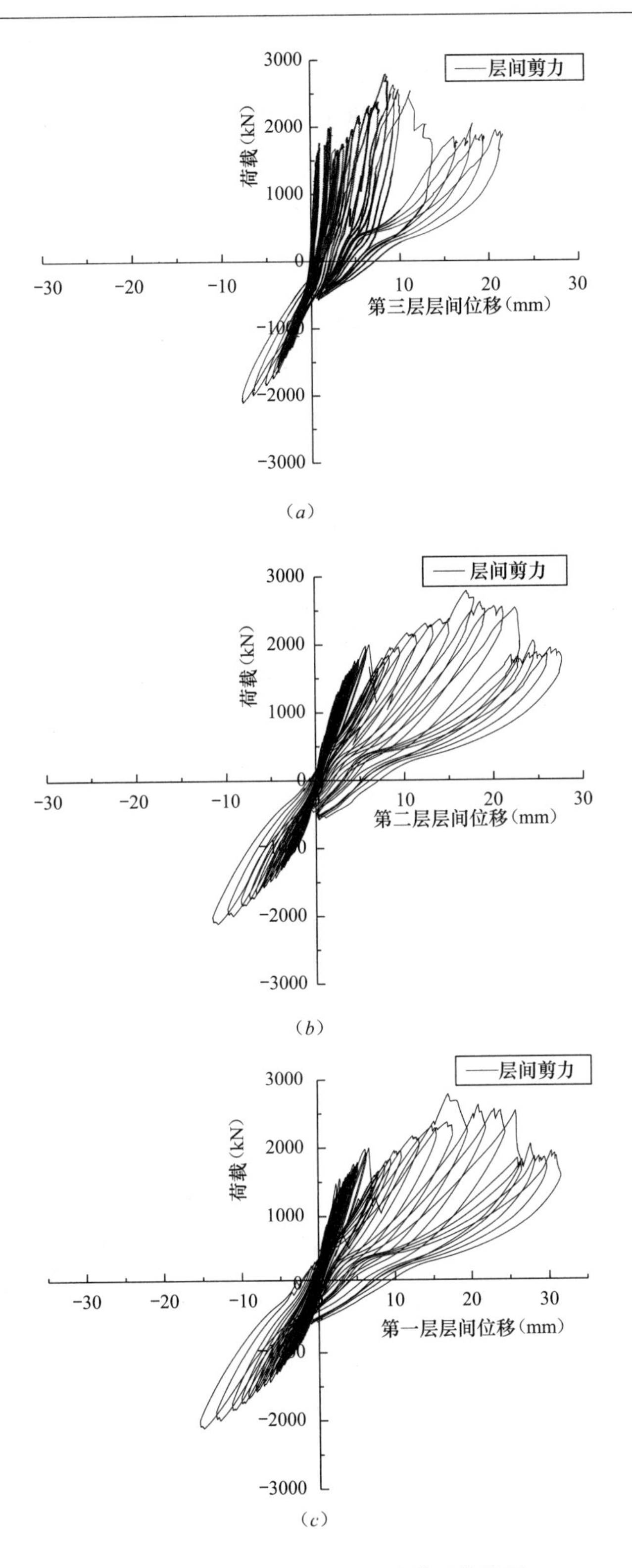

图 6.3-7 子结构拟静力试验滞回曲线图

(a) 第三层滞回曲线；(b) 第二层滞回曲线；(c) 第一层滞回曲线

在拟静力试验中，施加水平荷载的 2000kN 作动器所能提供的最大推力为1800kN，最大拉力为 1100kN。当 2000kN 作动器达到最大拉力时，本试验为充分考察子结构的延性与耗能能力，对子结构施加位移荷载时，在拉力方向，仅将子结构拉回到初始位置即可；在推力方向，仍然采用逐级加载，这也造成了上述滞回曲线在正向部分的图形比负向部分更加饱满的现象。通过观察，发现在位移加载初期，荷载与位移基本呈线性关系，结构卸载后，几乎没有残余变形；随着位移加载的增加，结构开始表现为一定的耗能现象，此时的滞回曲线比较饱满；随着位移加载进一步增加，滞回曲线表现出一定的捏缩现象，结构存在一定的残余变形，但通过图形可以发现结构仍具有很好的耗能能力。

2. 骨架曲线

骨架曲线是滞回曲线中每级加载水平力最大峰值所形成的轨迹，反映了构件受力与变形在各个不同阶段的特性（强度、刚度、延性、耗能及抗倒塌能力等），也是确定恢复力模型中特征点的重要依据。本试验的骨架曲线如图 6.3-8 所示。

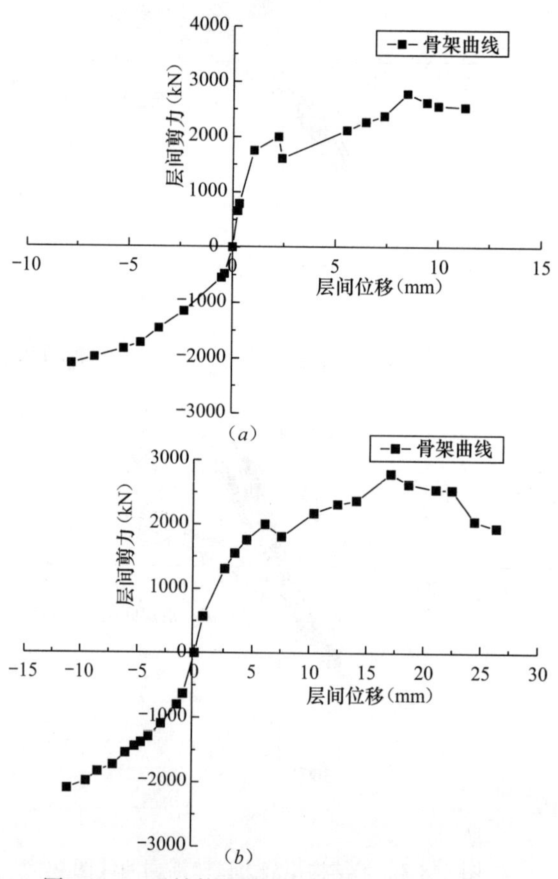

图 6.3-8 子结构拟静力试验骨架曲线图（一）

(*a*) 第三层骨架曲线；(*b*) 第二层骨架曲线

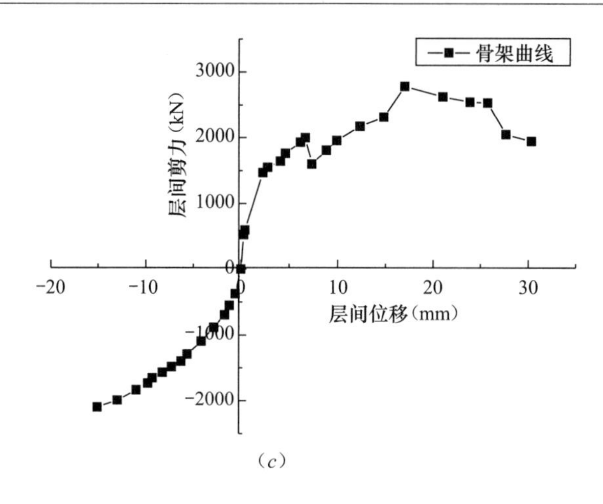

(c)

图 6.3-8 子结构拟静力试验骨架曲线图（二）

(c) 第一层骨架曲线

通过观察上述子结构模型的骨架曲线，可以发现：在位移加载初期，子结构初始刚度较大，但随着位移荷载的增加，结构开始屈服，刚度发生退化。在加载过程中，由于混凝土墙体开裂，造成子结构模型承载力下降，随着位移加载的增加，子结构中屈服钢筋进入强化阶段，而且由于子结构变形导致模型各部分重新协同工作，子结构模型承载力又呈现缓慢地上升，在试验结束时可以看出结构仍具有一定的承载能力。

3. 结构层间位移角与刚度变化

根据子结构在弹性和弹塑工作阶段各层最大的层间位移与层高的比值，求出子结构拟静力试验的弹性与极限塑性位移角，如表 6.3-2 所示。

子结构拟静力试验层间位移角 **表 6.3-2**

层数	弹性位移角		极限塑性位移角	
	正向	负向	正向	负向
1	1/1322	1/2506	1/117	1/199
2	1/1166	1/2055	1/123	1/271
3	1/2935	1/7895	1/266	1/387

通过对表 6.3-2 中试验结果的观察，发现结构的正向层间位移角比负向的要大一些，这主要是由于作动器的加载能力所造成的。通过观察图 6.3-9 的试验结果可以发现：正向刚度比负向刚度大；随着位移加载循环周数的不断增加，子结构模型的刚度不断退化，开始时下降比较明显，随着加载循环的不断增加，刚度变化逐渐变缓。试验结束时，正向刚度下降约 80%，负向刚度下降约 70%，正向刚度与负向刚度的退化规律基本相当。

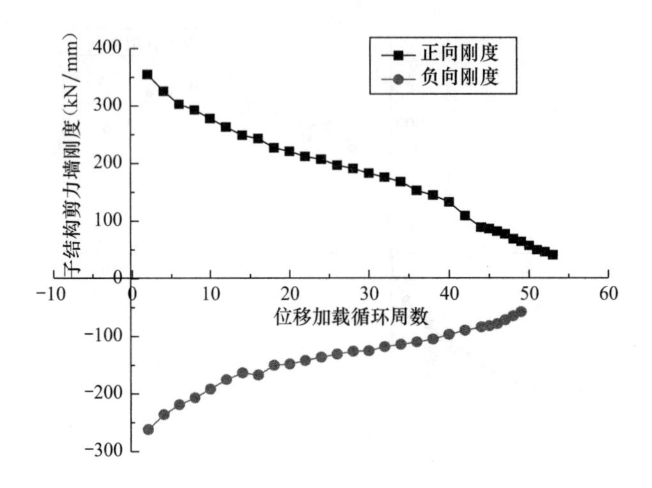

图 6.3-9　结构刚度退化图

4. 位移延性系数和能量耗散系数

在混凝土结构中，位移延性系数是衡量结构在地震过程中抗震性能的重要指标，本试验用 $\mu=\Delta_u/\Delta_y$ 来表示位移延性系数，其中 Δ_u 为子结构模型在极限荷载作用下的水平位移，本试验采用子结构达到层间弹塑性位移角限值时的位移来代替，Δ_y 为屈服荷载对应位移。

子结构拟静力位移延性系数　　　　**表 6.3-3**

层数方向	屈服位移/mm	极限位移/mm	$u=\Delta_u/\Delta_y$
1	正向　2.27	25.74	11.34
	负向　−1.197	−15.08	12.6
2	正向　2.573	25.4	9.48
	负向　−1.46	−11.07	7.58
3	正向　1.022	11.26	11.1
	负向　−0.38	−7.75	20.39

观察表 6.3-3 中试验结果可以发现：子结构模型各层的延性系数均很大，说明该结构体系具有很好的非弹性变形能力。

结构在地震作用下发生变形，变形能包括弹性应变能和塑性变形能，其中塑性变形能在子结构拟静力试验中当做滞回耗能，表示结构进入弹塑性变形所消耗的能量。本试验中子结构的耗能能力，采用荷载—变形滞回曲线所包围的面积来衡量（如图 6.3-10），能量耗散系数 E 按照下式计算：

$$E=\frac{S_{ABC}+S_{CDA}}{S_{OBE}+S_{ODF}}$$

结构在往复荷载作用下进入非弹性阶段，结构产生滞变阻尼，这种复杂的阻尼分析可用等效黏滞阻尼比来表示：

$$\xi_{eq}=\frac{E}{2\pi}$$

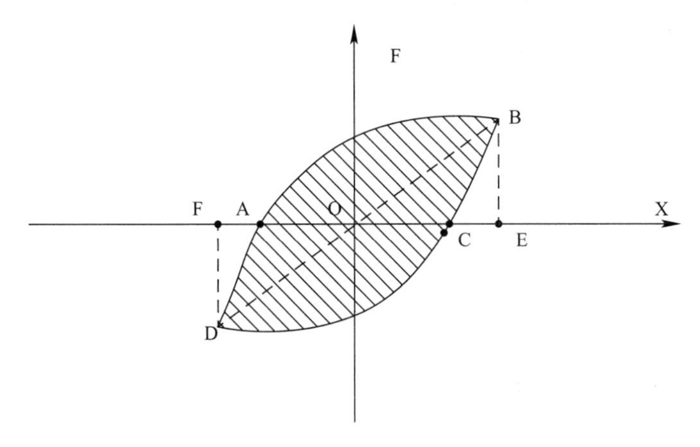

图 6.3-10 滞回曲线示意图

子结构拟静力试验能量耗散系数和等效黏滞阻尼比 **表 6.3-4**

楼层	能量耗散系数（E）	等效黏滞阻尼比
1	1.18	0.188
2	1.13	0.18
3	1.06	0.16
平均值	1.123	0.176

通过对表 6.3-4 中试验结果的观察，可以发现子结构模型的能量耗散系数与等效黏滞阻尼比较大，结构具有很好的耗能能力。

5. 钢筋应变

从此结构拟静力试验可以看出，随着位移荷载的不断增大，环筋扣合处的钢筋呈现明显的增大趋势，这也进一步验证了这种新型建筑体系构件之间连接方式能有效地传递荷载。Q-15 应变片位于子结构一层门洞附近，该区域剪力墙的截面被削弱，钢筋承受较大荷载，造成该区域钢筋发生屈服，如图 6.3-11、图 6.3-12 所示。

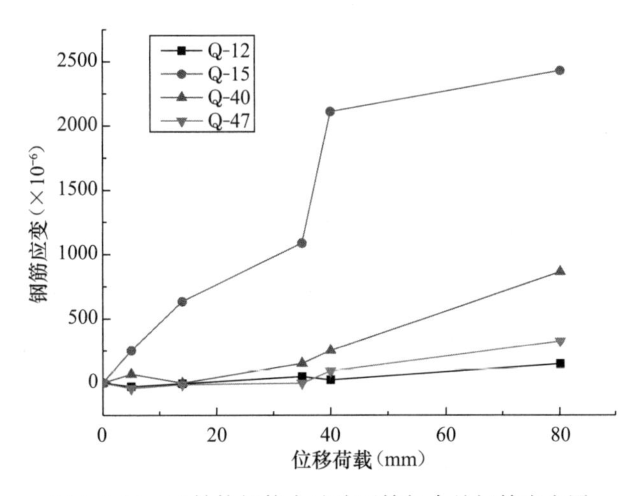

图 6.3-11 子结构拟静力试验环筋扣合处钢筋应变图

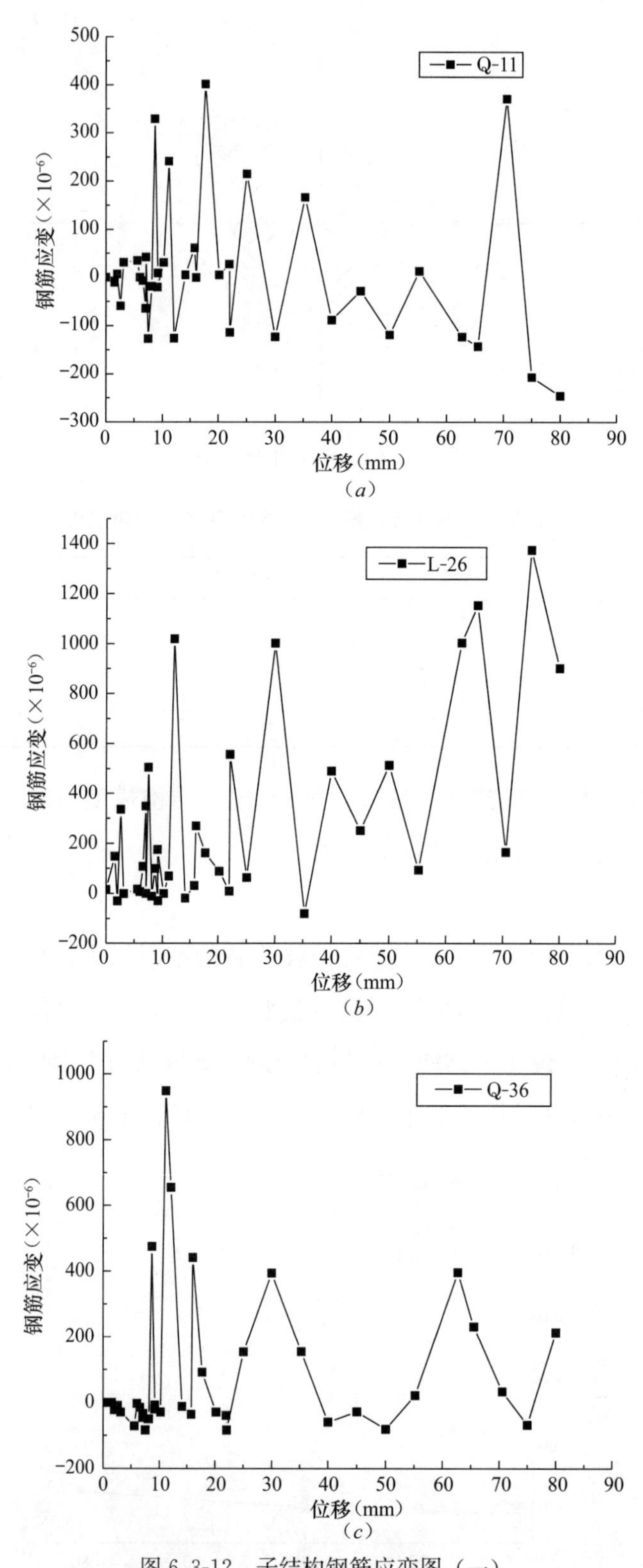

图 6.3-12　子结构钢筋应变图（一）

(*a*) Q-11 位置处钢筋应变图；(*b*) L-26 位置处钢筋应变图；(*c*) Q-36 位置处钢筋应变图

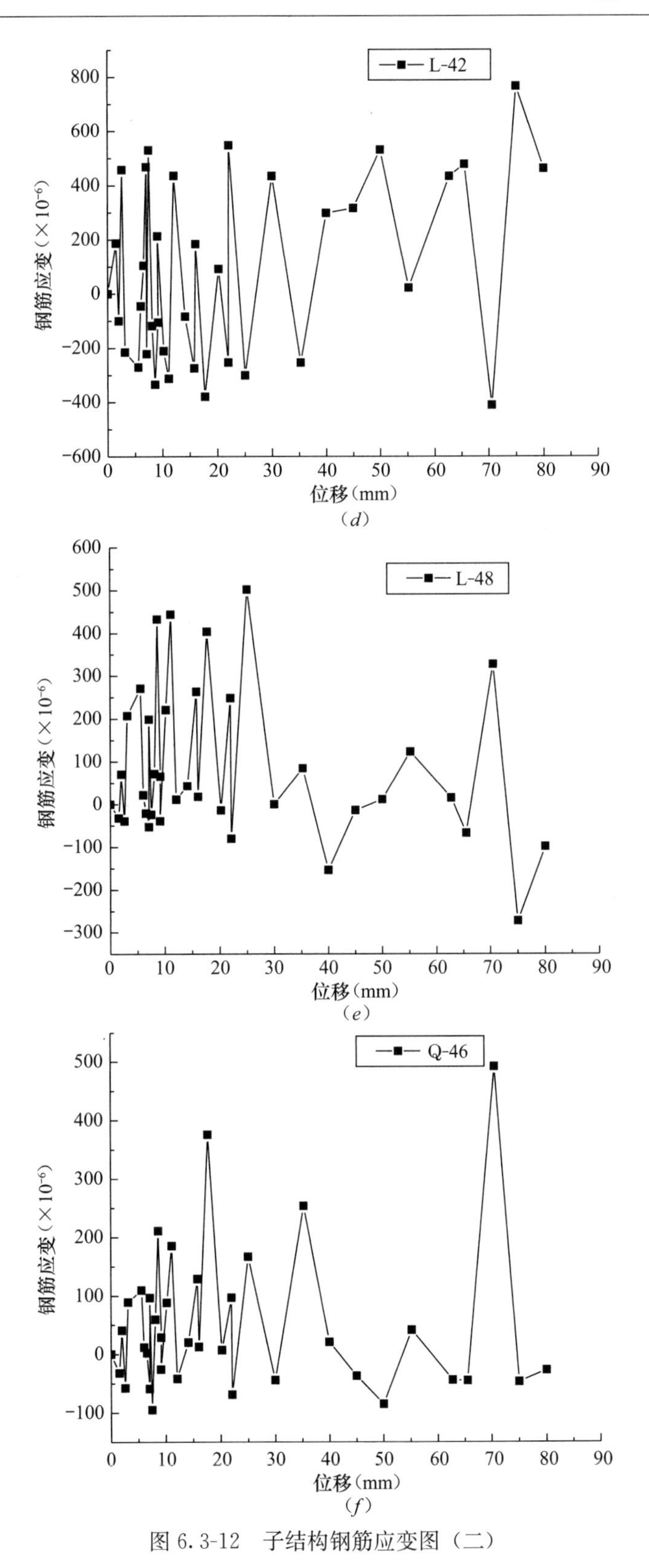

图 6.3-12 子结构钢筋应变图（二）

(*d*) L-42 位置处钢筋应变图；(*e*) L-48 位置处钢筋应变图；(*f*) Q-46 位置处钢筋应变图

通过观察以上子结构模型中的钢筋应变，发现在对子结构施加低周往复荷载时，钢筋应变也基本呈往复变化的规律，这也说明该子结构模型采用环筋扣合方式连接能够有效地传递荷载。

6.4 小结

通过对装配式环筋扣合锚接混凝土剪力墙子结构模型的拟动力、拟静力试验，可得到以下结论：

（1）装配式环筋扣合锚接混凝土剪力墙结构的施工工艺合理：

将装配式环筋扣合锚接混凝土剪力墙子结构的制作、装配与传统的现浇混凝土结构现场施工进行对比，发现该施工工艺确实能大量地节约人力、物力和时间。在墙体拼装过程中，发现在可靠吊装的基础上，墙体安装工艺的安全性较好，进一步验证了该结构施工顺序的合理性。

（2）装配式环筋扣合锚接混凝土剪力墙结构抗震性能良好：

通过观察发现结构没有产生明显裂缝，结构的位移较小，可以判断该新型结构在七度和八度多遇地震作用下，结构没有发生损坏。子结构的层间位移角最大时达到1/1127，小于规范规定的1/1000层间位移角的限值，结构受力仍处于弹性范围内，结构满足小震不坏的设防目标；拟动力试验结果显示：该新型装配式剪力墙结构在七度罕遇地震作用下，仍没有产生明显的裂缝，最大的层间位移角达到1/671，同样满足规范对剪力墙结构层间位移角的限值要求，结果优于“大震不倒”的设防目标。观察结构的荷载—位移曲线，发现结构位移较小，曲线近似于滞回曲线。该子结构模型破坏现象表现为：暗梁处裂缝开始沿后浇带水平方向发展，最后发展为斜角45°的裂缝，墙体的裂缝多数也朝水平方向发展，最终发展为斜裂缝。

（3）装配式环筋扣合锚接混凝土剪力墙结构耗能性能良好，连接可靠：

通过对该新型装配式建筑体系进行拟静力试验，分别得到子结构在开裂、裂缝发展、较宽裂缝、竖向裂缝和极限状态下共五种工况，并得到所对应的荷载。根据拟静力试验中荷载位移数据的统计，发现子结构的正、负刚度相差不大，刚度在循环荷载刚开始作用下衰减较快，但随着循环周数的不断增加，刚度变化变缓；通过分别绘制三层的荷载位移滞回曲线，发现每层结构的滞回耗能现象比较明显，结构的延性系数较大，说明该新型建筑体系具有很好的延性，结构的整体抗震性能较好。从钢筋应变曲线可以看出，环筋扣合锚接的连接形式可以很好地传递外部荷载作用。

7 工程实践

7.1 工程概况

7.1.1 总体概况

中建观湖国际，位于河南省郑州市经开区第十五大街和南三环交汇处，坐落在滨河国际新城中心位置，是区域内首个高端住宅项目，西接区域商业中心，东临区域政务中心，坐拥百亿级新城规划。本项目占地约 180 亩（约 12 万 m^2），建筑面积约 30 万 m^2，分三期开发，其中每期包含一栋公租房。

本工程即为中建观湖国际一期公租房项目 14 号楼，地下两层为现浇剪力墙结构，地上 24 层采用全预制装配式环筋扣合锚接混凝土剪力墙结构体系。

7.1.2 构件分类

预制构件可分为：预制环形钢筋混凝土内墙、预制环形钢筋混凝土外墙、环形钢筋混凝土叠合楼板、叠合式预制空调板、预制环形钢筋混凝土楼梯及外装饰造型等。预制装配率要求较高，施工技术较为复杂。

底层预制及现浇节点拆分及构件编号平面图如图 7.1-1 所示，剪力墙构件预制示意图如图 7.1-2 所示，标准层预制及现浇节点拆分及构件编号平面图如图 7.1-3 所示。

叠合板预制及现浇节点拆分及构件编号平面图如图 7.1-4 所示。

7.2 构件预制

7.2.1 钢筋加工工艺

1. 剪力墙水平及竖向分布环形钢筋

剪力墙水平及竖向分布环形钢筋加工主要通过钢筋截断机、调直机与钢筋弯曲成型机进行，钢筋的连接方式为搭接连接。直径大于等于 12mm 棒材钢筋与直径小于 12mm 钢筋分别在钢筋截断机、调直机上根据设计要求确定下料长度，人工搬运

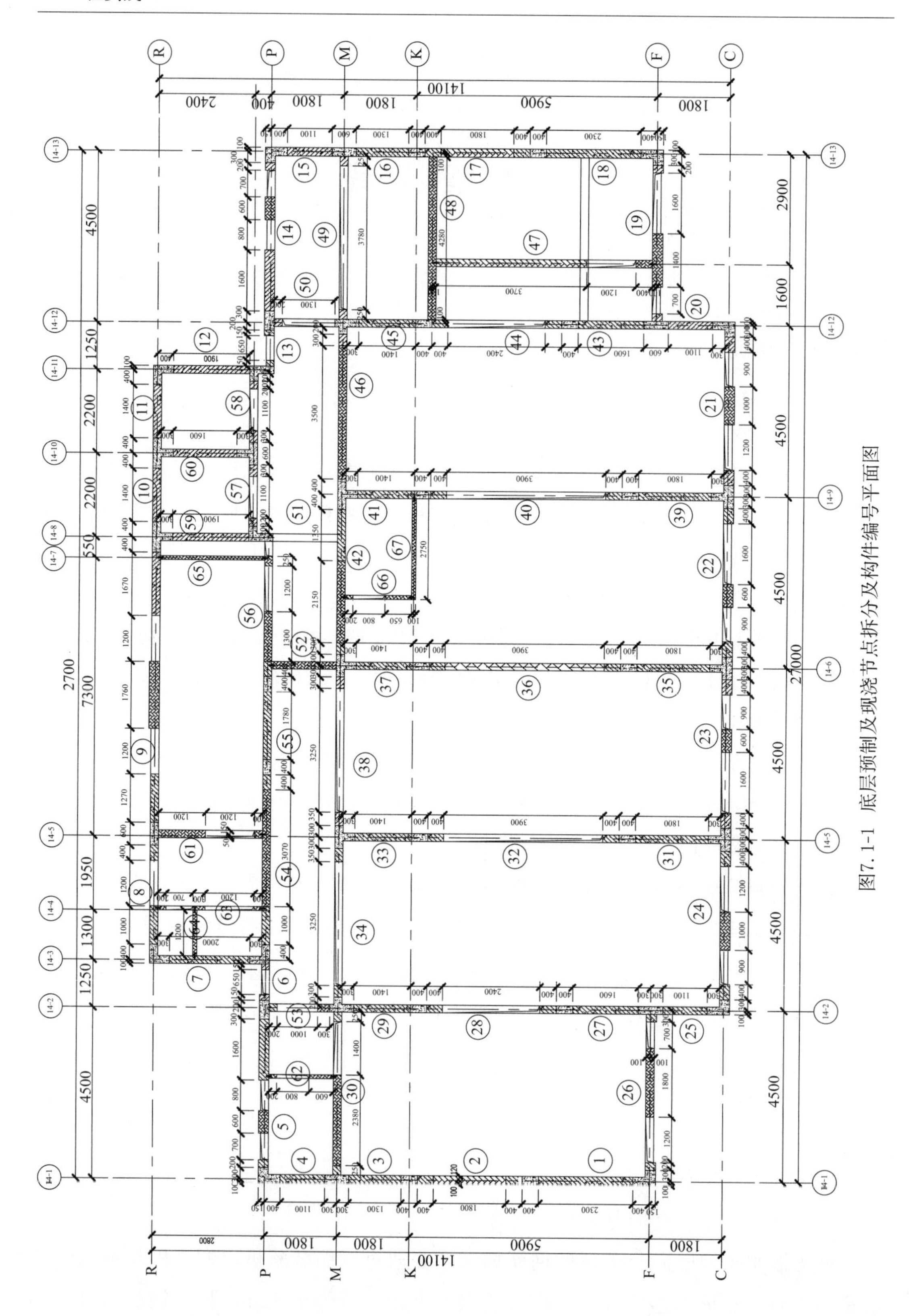

图7.1-1 底层预制及现浇节点拆分及构件编号平面图

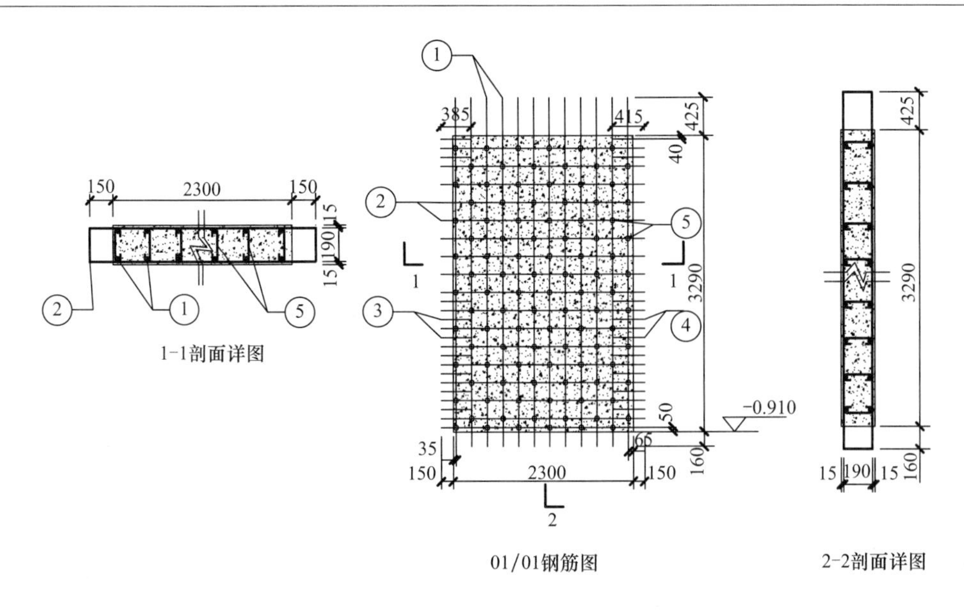

图 7.1-2 剪力墙构件预制深化图

至弯曲机位置进行弯曲。弯曲前，根据不同钢筋直径选择相应的弯曲模具，并在主操作屏上设置好相应参数。操作时，一人操作主控制系统，两人将钢筋准确对位进行自动弯曲。钢筋弯曲成型后，应复核相应尺寸和规格，标识清楚后在堆放架上堆放整齐。

2. 钢筋焊接网片加工

钢筋焊接网片主要用于叠合板受力钢筋，焊接网全部采用电阻焊。焊接钢筋网片的网格间距为 150mm×150mm，网片宽度从 1.8～2.4m 不等。

首先根据加工图纸设计的网片钢筋长度，在钢筋调直切断机上下料备用，然后人工运料至焊网机处进行焊接。一端根据调整好的设计参数人工逐根放入纵向钢筋，横向钢筋放置在操作架上自动滑落，钢筋焊接前应调整好设备相应参数，进行试焊，试件达到设计要求后方可连续焊接。钢筋焊接网交叉点开焊数量不应超过整张焊接网交叉点总数的 1%，焊接网最外侧钢筋上的交叉焊点不应开焊，焊接网表面不应有影响使用的缺陷，钢筋焊接网如图 7.2-1 所示。

3. 钢筋桁架

钢筋桁架主要用于叠合楼板。本项目设计桁架高度为 85mm，宽度为 150mm，桁架钢筋长度同叠合板跨度。桁架加工采用自动桁架焊接进行，桁架腹杆钢筋采用直径 4mm 冷拔丝，上下弦钢筋采用 HRB400 级钢筋，直径 8mm，如图 7.2-2 所示。

4. 其他钢筋加工

主要包括梁柱纵筋、箍筋、拉钩等，与传统钢筋加工工艺相同。

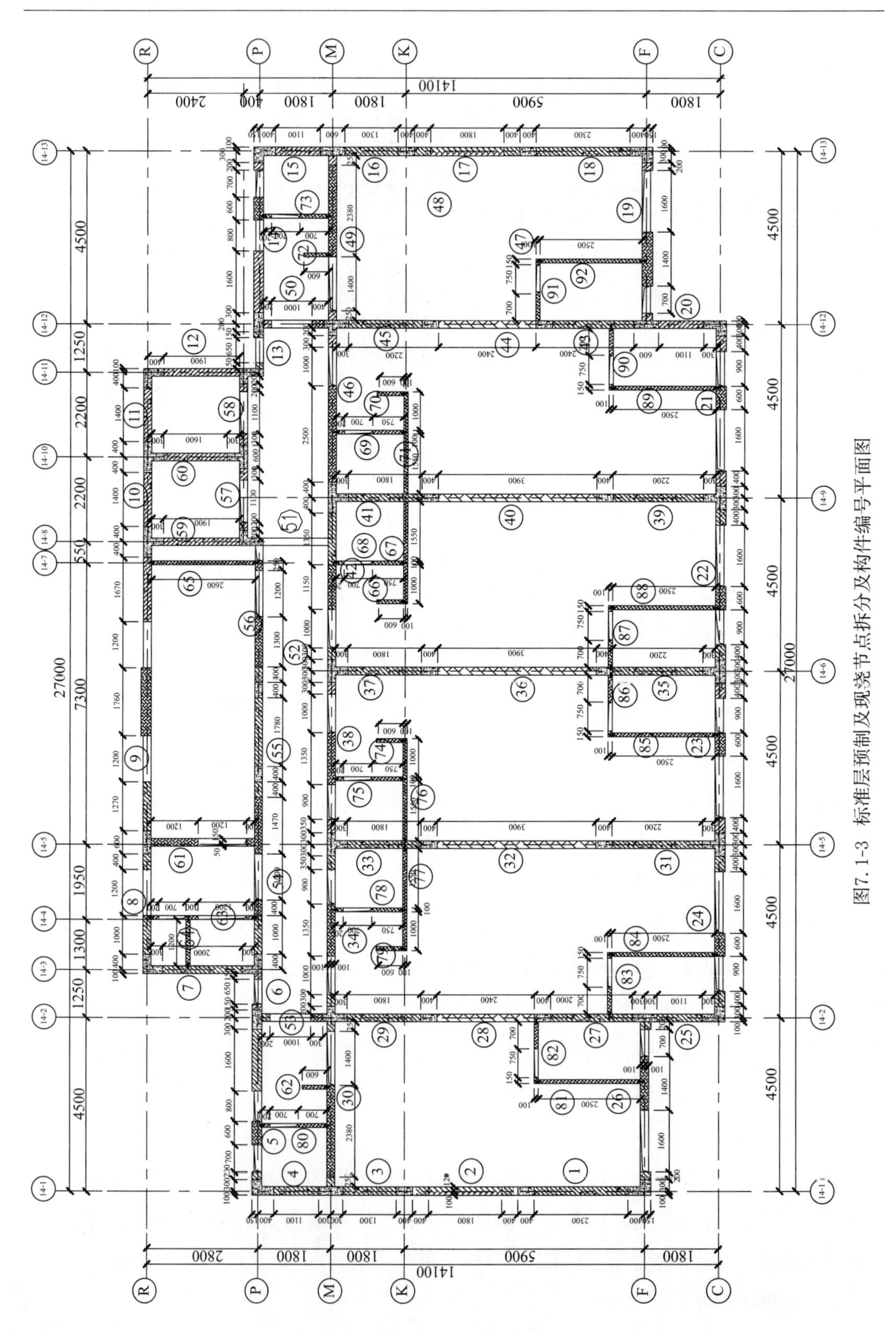

图7.1-3 标准层预制及现浇节点拆分及构件编号平面图

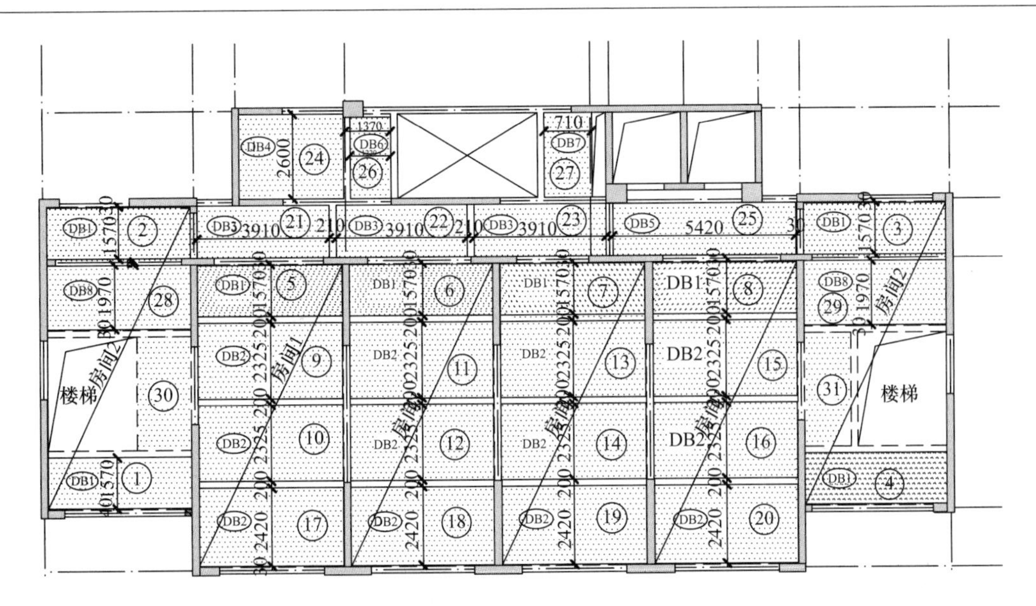

图 7.1-4 叠合板预制及现浇节点拆分及构件编号平面示意图

图 7.2-1 钢筋焊接网片成品

图 7.2-2 钢筋桁架成品

7.2.2 叠合楼板预制施工方案

本项目叠合楼板总厚度为 130mm，其中在工厂预制 70mm，现场现浇 60mm，叠合板主要跨度为 4320mm，宽度为 1800mm、2000mm、2100mm、2400mm 等。

1. 工艺流程

预制叠合楼板生产工艺流程如图 7.2-3 所示。

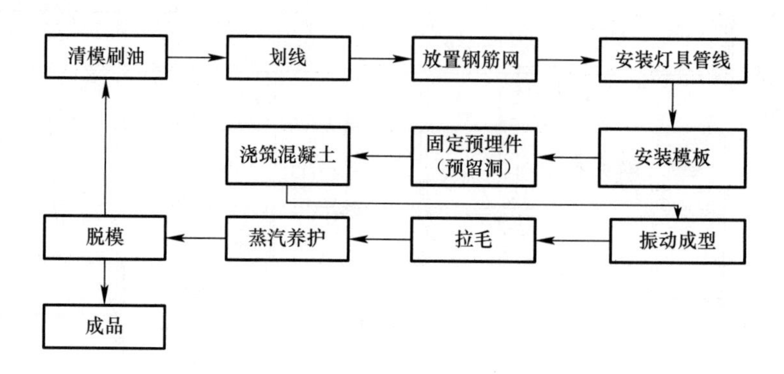

图 7.2-3 预制叠合楼板生产流程

2. 主要施工方法

(1) 清模刷油

模台在使用时应首先进行清扫处理，确保模台表面清洁，无锈迹、无污染。模台的清扫由清扫机清洁装置自动清扫底模的表面和侧面至无锈蚀状态。模台的刷油由喷油机喷嘴向清扫后的模台表面雾化喷洒隔离剂并形成一层薄膜。

(2) 划线

模台的划线由机械手根据中央控制系统提供的数据，通过激光定位对模台平面进行扫描，按照 1∶1 的比例在模台上标绘出侧模板及预留孔洞位置。

(3) 钢筋网放置

通过桁吊设备将预制完成的楼板钢筋骨架吊运至模台上，按照划线位置就位，安放保护层垫块，钢筋保护层垫块应成梅花状分布且间距不宜大于 600mm。保护层厚度按设计确定，保护层垫块采用砂浆垫块。

放置完毕后的钢筋骨架应按划线位置和设计图复检钢筋位置、直径、间距、保护层等。

(4) 灯具管线安装

根据设计图纸及划线机画出的线盒位置，把线盒反扣于磁吸上面；线管穿入钢筋网架中，通过扎丝绑在结构钢筋上面，固定牢固。

(5) 模板安装

叠合楼板侧模板采用∟100×63×10，根据楼板尺寸、钢筋配置情况选用相应型号的模板。

钢筋网放好后，按照划线位置，应首先安装板长方向侧模，后安装板宽方向侧模。每侧模板采用两个磁盒固定，固定位置应设在模板的三等分处。侧模板安装应位置准确，固定牢固，模板连接处拼接严密。

侧模板就位后应在模板内侧均匀涂抹一层缓凝剂，便于脱模后墙侧面冲水作业。最后用橡胶条堵封环筋处模板孔，防止漏浆。

（6）预埋件固定

墙斜支撑楼板上支座采用在叠合楼板中预埋预制混凝土块方式安装。预先采用定型模具浇筑混凝土方块，并把支座螺母预埋入混凝土块。在设计位置安放混凝土块，并固定牢固。

楼板钢筋吊环采用 HPB300 级钢筋制作，在设计位置焊接于楼板钢筋上。

与外墙连接的叠合楼板，需预留上下墙连接处扶壁洞口。扶壁洞口模板采用定型槽型模板，模板尺寸为 250mm×250mm×60mm（长×宽×高），采用磁吸固定于设计位置。

卫生间和厨房下水管包括地漏、直埋管件等。固定方法为在模台上画出管件的位置，采用带螺栓的磁吸固定，把磁吸固定在划线位置，然后通过螺栓把管件固定在设计位置。

（7）混凝土浇筑

混凝土布料系统由料斗、料斗运转桁架、螺旋下料系统及闸门组成，由操作系统控制下料斗在桁架上运动，依照构件尺寸和构件所需混凝土厚度进行混凝土布料，操作系统通过控制每一组小阀门的开闭控制混凝土的布料区域，控制螺旋布料器的布料速度和混凝土布料厚度，自动控制混凝土下料量，减少人力和材料浪费。

模板、钢筋及预埋件安装完成后，全部预埋件固定完成后，应检查预埋件位置的准确度，不合格的应调整位置，使之满足要求。全部预埋件位置合格后，方可开始浇筑混凝土。将模台传送至混凝土布料工位，混凝土从搅拌站运送到布料系统，布料机将设计等级的混凝土浇筑至构件。

（8）构件拉毛

构件振捣完成后通过车间摆渡装置，传送模台至拉毛工位，施工人员操作拉毛机对混凝土表面进行毛化处理，便于后浇混凝土的结合。拉毛划痕深度不应小于 6mm，间距不大于 10cm。

（9）构件养护

浇筑好的预制构件连同模台通过码垛机送入立体养护仓室指定位置进行养护，养护仓的外层由复合夹心材料组成（钢-聚氨酯-钢），通过养护仓门的开启和锁闭进入或封闭养护仓。

预制构件连同底模送入养护仓后，在 50℃±5℃的养护条件下养护 6～8h，养护仓采用抽屉式，由控制系统控制各空间的养护温度与养护时间，相互独立控制，提高养护效率。

预制混凝土构件蒸汽养护应严格控制升降温速率及最高温度，升温速率应为 10～20℃/h，降温速率不宜大于 10℃/h，并采用薄膜覆盖或加湿等措施防止 PC 构件干燥。

（10）拆模与吊装

构件养护完成后，通过码垛机将模台连同预制构件从养护室中取出，输送到指定的脱模工位，拆除侧模和内模。侧模和内模根据模具组装特点，遵循“先装后拆，后装先拆”的原则，采用分散拆除的方法按顺序拆除。拆除时不得使用振动预制构件的方式拆模，注意保护好窗框，严禁撬动造成成品构件缺棱掉角。侧模和内模模板拆卸后，按模具编号分类堆放，进行清理、刷油保养。拆卸下来的螺栓、螺杆等小配件分类集中堆放，清理、刷油、保养。

构件养护完成达到设计强度的 80%以上时，方可进行吊装。叠合板吊装采用专用吊装架进行，每块板吊装点不得低于 4 个，吊装时应保证构件平稳并及时检查预制构件吊点处混凝土是否有破裂现象，若发现吊点处混凝土有破裂，必须采取相应的加固措施或调整吊装方式。

7.2.3 内墙预制施工方案

预制内墙分为预制剪力墙和预制填充墙，剪力墙采用普通混凝土预制，墙四周均留有环形钢筋；填充墙采用陶粒混凝土预制，填筑墙上端及两侧留有环形钢筋，下端不预留环形钢筋。预制内墙配筋如图 7.2-4 所示。

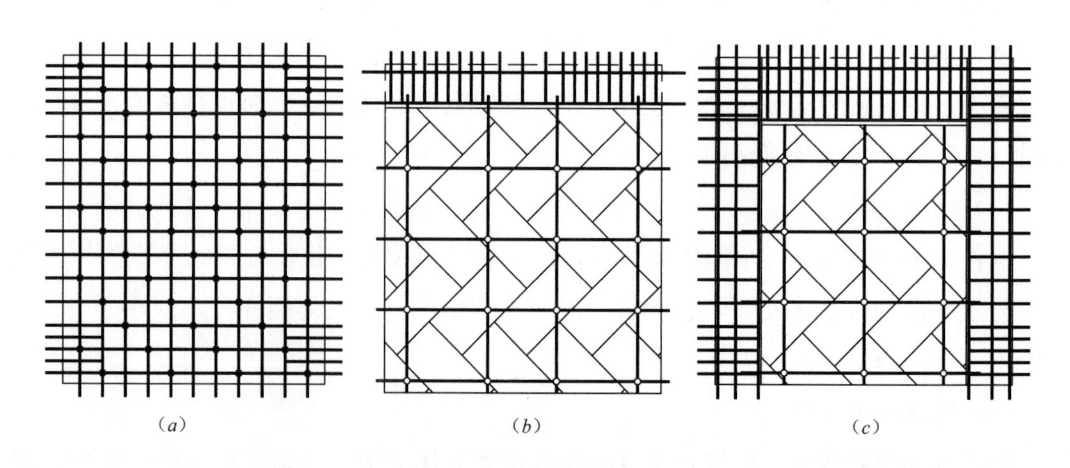

图 7.2-4 预制内墙

(*a*) 剪力墙；(*b*) 填充墙；(*c*) 剪力墙和填充墙

1. 工艺流程

预制内墙生产工艺流程如图 7.2-5 所示：

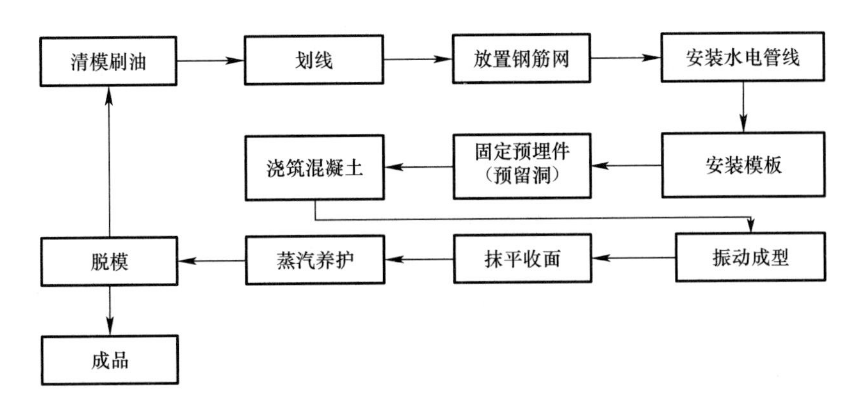

图 7.2-5　内墙预制生产工艺流程

2. 主要施工方法

(1) 清模刷油

模台在使用时应首先进行清扫处理，确保模台表面洁净、无锈迹。清扫工序由清扫机清洁装置自动清扫模台表面至洁净、无锈蚀状态。模台的刷油工序由喷油机喷嘴自动向清扫后的模台表面雾化喷洒脱模物质并形成一层薄膜。

(2) 划线

模台的划线由自动划线机的机械手根据中央控制系统提供的数据，通过激光定位对模台平面进行扫描，按照 1∶1 的比例在模台上精准标绘出模板、预埋件及预留孔洞等所需要的位置。中央控制系统的数据有生产管理人员根据具体生产图纸转换格式后通过外接移动存储设备导入即可。

(3) 钢筋网放置

通过桁车将预先制作完成的钢筋网吊运至模台上，按照划线机已划线位置准确就位并安放保护层垫块，钢筋保护层垫块应呈梅花状分布且间距不宜大于 600mm。保护层厚度按设计图纸确定。保护层垫块可使用成品塑料垫块。放置完毕后的钢筋网片应按划线位置和设计图复检钢筋位置、数量、直径、间距、保护层等。

(4) 水电管线安装

1) 墙下皮线盒固定

把磁吸固定在划线机已划线的位置，然后把线盒反扣于磁吸上面；线管穿入钢筋网架中，通过扎丝绑在结构钢筋上面，固定牢固，如图 7.2-6 所示。

2) 墙上皮线盒固定

采用磁吸＋混凝土垫块＋螺栓固定，如图 7.2-7 所示。在线盒固定划线位置固定带螺杆的磁吸，把中间带有螺栓孔的混凝土垫块穿到螺杆上面，然后把线盒穿过螺杆，通过螺母把线盒固定在混凝土垫块上。

图 7.2-6 磁吸固定

图 7.2-7 线盒固定方法

（5）模板安装

1）侧模板安装

侧模板宜采用定型钢模板。根据墙体尺寸、钢筋配置情况选用相应型号的模板。侧模板就位前应在有现浇节点的模板内表面（混凝土保护层处除外）均匀涂刷混凝土造毛剂，待模板拆除后用高压水枪冲洗造毛剂处至石子外露清晰可见为止，以保证预制构件的现浇连接节点连接牢固。

钢筋网放好后，按照划线位置，应首先安装墙高方向侧模，后安装墙宽方向侧模。模板采用磁盒固定，磁盒间距不大于 500mm，如图 7.2-8 所示。确保侧模板安装位置准确，固定牢固，模板连接处拼接严密不漏浆。

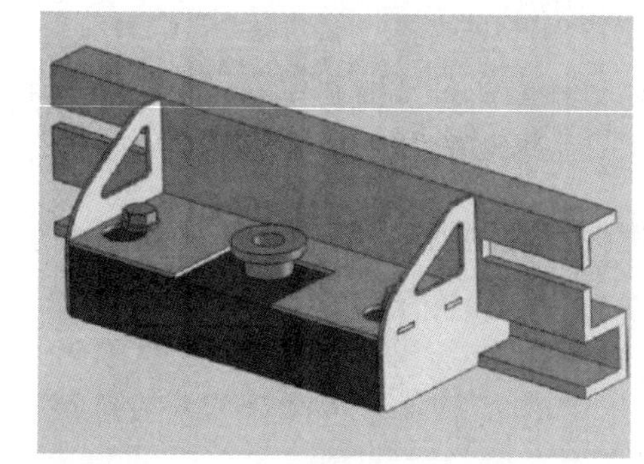

图 7.2-8 磁吸固定

最后用定制橡胶条堵封环筋处模板孔洞，用定制磁性导条吸贴在模板内侧底部与模台交接处，防止漏浆。

2）门窗洞模板安装

门洞模板宜采用定型钢模板。应根据门洞尺寸、墙厚度选用相应型号的模板。按照门窗洞划线位置，固定门窗洞模板，应确保模板安装位置准确，固定牢固，模板连接处拼接严密。

（6）预埋件固定

1）间隔钢丝网片固定

制作剪力墙填充墙时，普通混凝土与陶粒混凝土之间应采用钢丝密目网进行间隔，钢丝密目网应与剪力墙部分钢筋有可靠连接。

2）吊点预埋螺母固定

吊点预埋螺母采用磁吸固定在墙宽方向侧模板的内侧，每片墙根据墙宽需要设置2～3个吊点，吊点位置设在墙对应位置的质心处，如图7.2-9所示。

图7.2-9　吊点螺母固定

3）墙斜支撑支撑点螺母固定

每片内墙内外两侧分别设置两个斜支撑支撑点，每个支撑点设置一个预埋内螺母，高度设置在墙高2200mm处。紧靠模台表面螺母固定采用磁吸固定，把螺母固定在磁吸上，然后把磁吸固定在螺母划线位置。墙上皮螺母采用绑扎的方式固定，将螺母绑扎在墙体钢筋上，并确保位置准确，固定牢靠，如图7.2-10所示。

4）叠合楼板支撑螺母固定

叠合楼板支撑采用∟100×8，角钢顶面与墙顶面平齐，角钢通过螺栓固定于墙的两侧。模台一侧螺母固定采用磁吸固定，把螺母固定在磁吸上，然后把磁吸固定在螺母划线位置；墙上皮螺母采用绑扎的方式固定，将螺母绑扎在墙体钢筋上，并确保位置准确，固定牢固。

5）施工现场模板螺母固定

根据现浇混凝土部分的尺寸，确定螺母在墙上的固定位置。固定方法为：模台

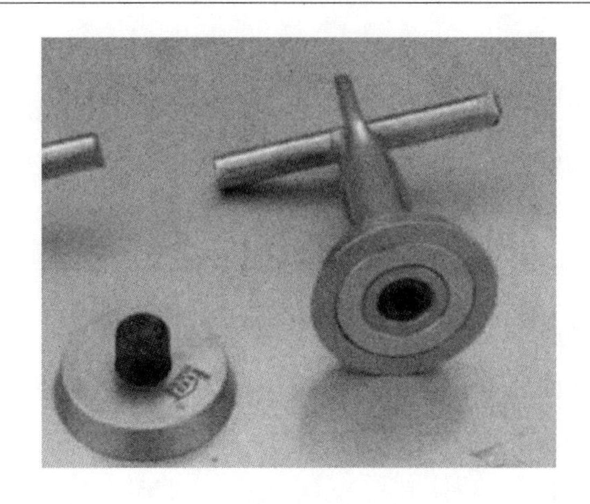

图 7.2-10 墙斜支撑预埋螺母固定

一侧螺母固定采用磁吸固定，把螺母固定在磁吸上，然后把磁吸固定在螺母划线位置；墙上皮螺母采用绑扎的方式固定，将螺母绑扎在墙体钢筋上，并确保位置准确，固定牢固。

（7）浇筑混凝土

墙上全部预埋件固定完成后，应检查预埋件位置的准确度，不合格的应调整位置，使之满足要求。全部预埋件位置合格后，方可开始浇筑混凝土。

模板、钢筋及预埋件安装完成后，将模台传送至混凝土布料工位，混凝土从搅拌站运送到布料系统，布料机将设计等级的混凝土浇筑到底模上。浇筑时应先浇筑普通混凝土，而后浇筑填充墙混凝土。填充墙混凝土采用陶粒混凝土，设计陶粒混凝土强度等级为 C10，陶粒混凝土上下表面均用 2cm 1∶2.5 的水泥砂浆罩面。

混凝土布料系统由料斗、料斗运转桁架、螺旋下料系统及闸门组成，由操作系统控制下料斗在桁架上运动，依照构件尺寸和构件所需混凝土厚度进行混凝土布料，操作系统通过控制每一组小阀门的开闭控制混凝土的布料区域，控制螺旋布料器的布料速度和混凝土布料厚度，自动控制混凝土下料量，减少人力和材料浪费。

（8）振动赶平

浇筑后模台移动至振动赶平工位，振动赶平机开启振动并下压至距离模板上表面 1～2mm 处，再由一端振动平移至构件另一端，将刚浇筑完成的预制构件表面赶平，赶平后构件表面凹凸偏差不大于 2mm。

（9）预养护

赶平后模台进入预养护室，预养护室控制恒定的养护环境（温度、湿度等），准确控制预养护时间待预制构件达到初凝至可收面状态时移动至磨光机处。

（10）磨光

预养护完成后，模台移动至磨光机处有修光机对构件表面进行打磨修光，要求面层采用三次磨压。

（11）混凝土养护

浇筑好的预制构件连同模台通过码垛机送入立体养护仓室指定位置进行养护，养护仓的外层由复合夹心材料组成（钢-聚氨酯-钢），通过养护仓门的开启和锁闭进入或封闭养护仓。

预制构件连同底模送入养护仓后，在50±5℃的养护条件下养护6～8h，养护仓采用抽屉式，由控制系统控制各空间的养护温度与养护时间，相互独立控制，提高养护效率。

预制混凝土构件蒸汽养护应严格控制升降温速率及最高温度，升温速率应为10～20℃/h，降温速率不宜大于10℃/h，并采用薄膜覆盖或加湿等措施防止PC构件干燥。

（12）构件脱模

构件养护完成后，通过码垛机将模台连同预制构件从养护室中取出，输送到指定的脱模工位，拆除侧模和内模。侧模和内模根据模具组装特点，遵循“先装后拆，后装先拆”的原则，采用分散拆除的方法按顺序拆除。拆除时不得使用振动预制构件方式拆模，注意保护好窗框，严禁撬动造成成品构件缺棱掉角。侧模和内模模板拆卸后，按模具编号分类堆放，进行清理、刷油保养。拆卸下来的螺栓、螺杆等小配件分类集中堆放，清理、刷油、保养。

（13）构件吊运

预制构件底模采用整体脱模的方式，预制构件脱模起吊前，先检验其同条件养护的混凝土试块强度，达到设计要求强度70%以上方可脱模起吊。检查桁吊设备运转是否正常，吊链、扎丝绳、“T”型钢板连接件、高强螺栓等是否有损坏及断裂，若发现安全隐患，立即进行更换。检查预制构件吊点处混凝土是否有破裂现象，若发现吊点处混凝土有破裂，必须采取相应的加固措施或调整吊装方式。

由侧立架进行模台翻转，在液压缸作用下，支架锁紧装置锁紧模台后，模台与预制构件绕转轴转动到接近垂直位置。相对于水平起吊，侧立架不仅提高了大型预制构件起吊的效率，还能更好地保护构件在起吊的过程中不受损坏。用10.9级高强螺栓将“T”型钢板连接件与构件预埋套筒拧紧，再将捯链或扎丝绳与吊装连接件连接，即可进行脱模及吊装作业。用桁吊设备将养护好的预制构件吊离模台，通过构件运输车或平板车将构件从生产车间转移到室外堆场，脱模后的空模台送回到流水线上。堆放场地应选择平整坚实的地面，场内设施应满足施工工艺要求；构件临时堆放区应按构件种类进行合理分区。

7.2.4 夹心保温外墙预制方案

预制环形钢筋混凝土外墙分为三层，从内向外依次为结构层、保温层和面层。预制外墙如图 7.2-11 所示。

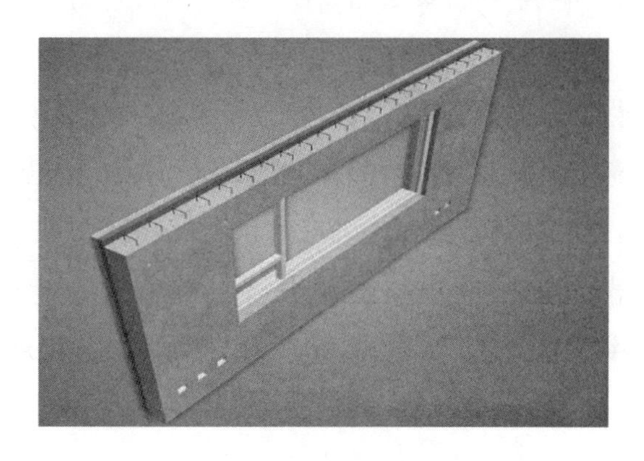

图 7.2-11 预制环形钢筋混凝土外墙

1. 生产工艺流程

预制环形钢筋混凝土外墙生产工艺流程如图 7.2-12 所示。

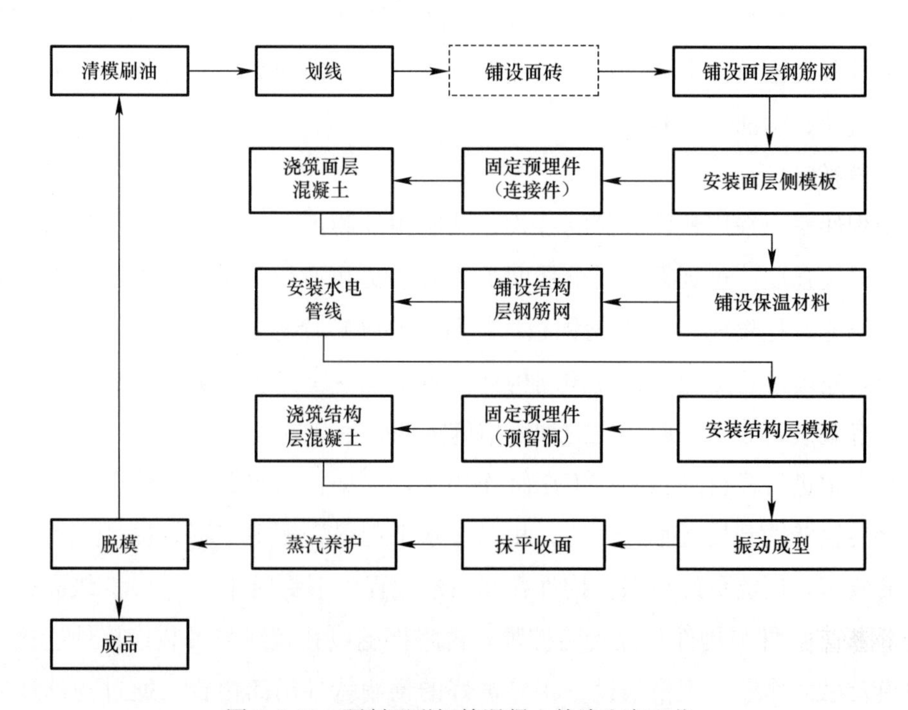

图 7.2-12 预制环形钢筋混凝土外墙生产工艺

2. 主要施工方法

(1) 清模刷油

模台在使用时应首先进行清扫处理，确保模台表面清洁，无锈迹、无污染。模台的清扫由清扫机清洁装置自动清扫底模的表面和侧面至无锈蚀状态。模台的刷油由喷油机喷嘴向清扫后的模台表面雾化喷洒隔离剂并形成一层薄膜（当外墙需贴面砖时，模台不需刷油）。

(2) 划线

模台的划线由机械手根据中央控制系统提供的数据，通过激光定位对模台平面进行扫描，按照1∶1的比例在模台上标绘出侧模板及预留孔洞位置。

(3) 面层钢筋网铺设

通过桁吊设备将预先制作完成的面层钢筋骨架吊运至模台上，按照划线位置就位（不用放置混凝土保护层垫块），放置完毕后的钢筋骨架应按划线位置和设计图复检钢筋位置、直径、间距等。

(4) 安装面层侧模板

1) 侧模板安装

侧模板采用三块钢板焊接而成的槽型定型钢模，根据墙体尺寸选用相应长度的模板作为外墙侧模板。钢筋网放好后，按照划线位置，应首先安装墙高方向侧模，后安装墙宽方向侧模。每侧模板采用两个磁盒固定，固定位置应设在模板的三等分处。确保侧模板安装位置准确，固定牢固，模板连接处拼接严密。

2) 门洞模板安装

门洞模板采用定型磁性钢模板，应根据门洞尺寸、墙厚度选用相应型号的模板。按照门洞划线位置，固定门洞模板，应确保模板安装位置准确，固定牢固，模板连接处拼接严密。

3) 窗洞下层模板安装

窗框下层模板采用14b槽钢，在划线位置采用相应尺寸的槽钢作为模板，并固定牢固。窗框下层模板固定采用带有专用固定卡的磁盒固定。

(5) 固定预埋件（连接件）

1) 勾头螺栓套管

外挂架勾头螺栓直径为20mm，勾头螺栓套管采用钢套管，外直径28mm，壁厚3mm。钢套管在设计位置采用磁吸固定。

2) 可调垫脚螺母

外挂架可调垫脚螺杆直径为20mm，可调垫脚螺母采用与螺杆配套的螺母。螺母在设计位置采用磁吸固定。

3）纤维增强复合塑料（FRP）连接件，如图 7.2-13 所示。

外墙面层、保温层和结构层通过纤维增强复合塑料连接，连接件的数量和位置由设计确定，安装连接件时可预先把连接件穿插在保温板的设计位置上，待面层混凝土浇筑完毕后，把保温板和连接件一同安装在面层混凝土上。

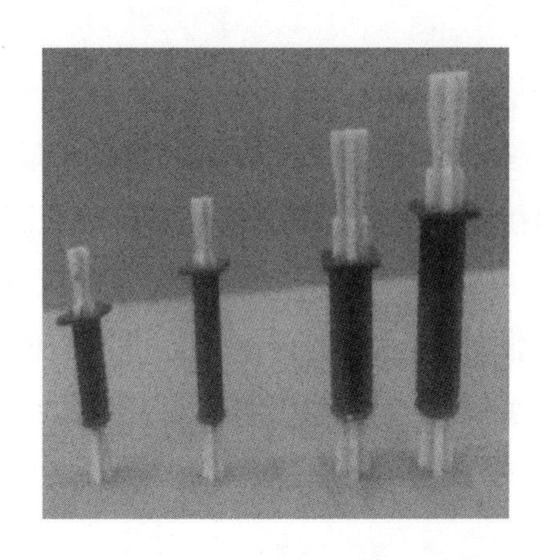

图 7.2-13 纤维增强复合塑料连接件

（6）浇筑面层混凝土

墙上预埋件固定完成后，应检查预埋件位置的准确度，不合格的应调整位置，使之满足要求。全部预埋件位置合格后，方可开始浇筑面层混凝土。面层混凝土厚度为 50mm，强度等级采用 C30。

（7）铺设保温材料

外墙面层混凝土浇筑完毕后应立刻将保温材料粘贴于面层混凝土上，并检查安放是否规整、平齐。然后，将连接件缓慢、匀速按入面层混凝土内设计深度。保温材料采用 50mm 厚挤塑。

（8）结构层钢筋网安放

通过桁吊设备将预先制作完成的外墙结构层钢筋网吊运至模台上，按照划线位置就位，安放保护层垫块，钢筋保护层垫块应呈梅花状分布且间距不宜大于 600mm。保护层厚度按设计图纸确定。保护层垫块可采用塑料垫块。放置完毕后的钢筋骨架应按划线位置和设计图复检钢筋位置、直径、间距、保护层等。

（9）水电管线安装

首先在模台上画出线盒的位置。线管穿入钢筋网架中，通过扎丝绑在结构钢筋上面，固定牢固。线盒四边通过四个短钢筋夹住线盒，并把短钢筋绑扎在结构钢筋上面。最后，在线盒中塞入泡沫块，避免混凝土流入。

(10) 结构层模板安装

1) 侧模板安装

侧模板采用槽钢 200×125×12，根据墙体尺寸选用相应长度的角钢作为外墙侧模板。钢筋网放好后，按照面层侧模板位置，应首先安装墙高方向侧模，后安装墙宽方向侧模。通过螺栓把面层模板和结构层模板连接牢固。确保侧模板安装位置准确，固定牢固，模板连接处拼接严密。

2) 窗框及窗洞上层模板安装

窗框按设计图纸尺寸安装完成后，安装窗框上边的模板，模板采用∟70×8 等边角钢，上下模板及窗框采用带专用固定卡的磁盒固定。

(11) 预埋件固定

1) 间隔扎丝网片固定

制作剪力墙填充墙时，普通混凝土与陶粒混凝土之间应采用扎丝密目网进行间隔，扎丝密目网应与剪力墙部分钢筋有可靠连接。扎丝密目网片的尺寸及环筋插孔间距应根据墙体尺寸及配筋情况选用。

2) 吊点预埋螺母固定

吊点预埋螺母采用磁吸固定在墙宽方向侧模板的内侧，每片墙设置两个吊点，吊点位置设置在墙两端四分之一墙宽处。

3) 墙斜支撑支撑点螺母固定

每片外墙内侧设置两个斜支撑支撑点，每个支撑点设置一个预埋内螺母，高度设置在墙高 2200mm 处，螺母采用绑扎的方式固定，将螺母绑扎在墙体钢筋上，并确保位置准确，固定牢靠。

4) 叠合楼板支撑螺母固定

叠合楼板支撑采用∟100×8，角钢顶面与墙顶面平齐，角钢通过螺栓固定于墙的内侧。螺母采用绑扎的方式固定，将螺母绑扎在墙体钢筋上，并确保位置准确，固定牢靠。

5) 施工现场模板螺母固定

根据现浇混凝土部分的尺寸，确定螺母在墙上的固定位置。螺母采用绑扎的方式固定，将螺母绑扎在墙体钢筋上，并确保位置准确，固定牢固。

6) 上下层墙连接预埋螺母

根据螺母设计位置，螺母采用绑扎的方式固定，将螺母绑扎在墙体钢筋上，并确保位置准确，固定牢固。

(12) 混凝土浇筑

墙上全部预埋件固定完成后，应检查预埋件位置的准确度，不合格的应调整位置，使之满足要求。全部预埋件位置合格后，方可浇筑混凝土。底模上安置了边模和钢筋后，传送至混凝土布料工位，混凝土从搅拌站运送到布料系统，混凝土布料机将新拌混凝土浇筑到底模上。应先浇筑普通混凝土，后浇筑填充墙混凝土。

（13）构件吊运

预制构件底模采用整体脱模的方式，预制构件脱模起吊前，应先检验其同条件养护的混凝土试块强度，达到设计要求强度70%以上方可脱模起吊。检查桁吊设备运转是否正常，吊链、扎丝绳、“T”型钢板连接件、高强螺栓等是否有损坏及断裂，若发现安全隐患，立即进行更换。检查预制构件吊点处混凝土是否有破裂现象，若发现吊点处混凝土有破裂，必须采取相应的加固措施或调整吊装方式。

由侧立架进行模台翻转，在液压缸作用下，支架锁紧装置锁紧模台后，模台与预制构件绕转轴转动到接近垂直位置。相对于水平起吊，侧立架不仅提高了大型预制构件起吊的效率，还能更好地保护构件在起吊的过程中不受损坏。用10.9级高强螺栓将“T”型钢板连接件与构件预埋套筒拧紧，再将捯链或扎丝绳与吊装连接件连接，即可进行脱模及吊装作业。用桁吊设备将养护好的预制构件吊离模台，通过构件运输车或平板车将构件从生产车间转移到室外堆场，脱模后的空模台送回到流水线上。堆放场应选择平整坚实的地面，场内设施应满足施工工艺要求；构件临时堆放区应按构件种类进行合理分区。

7.2.5 预制楼梯施工方案

楼梯模板采用专用钢模板，模板主要由踏步模板、底板模板、端模板和模台组成。楼梯模板如图7.2-14所示。

图7.2-14 楼梯模板

1. 梯段生产工艺流程

预制楼梯梯段生产工艺流程如图7.2-15。

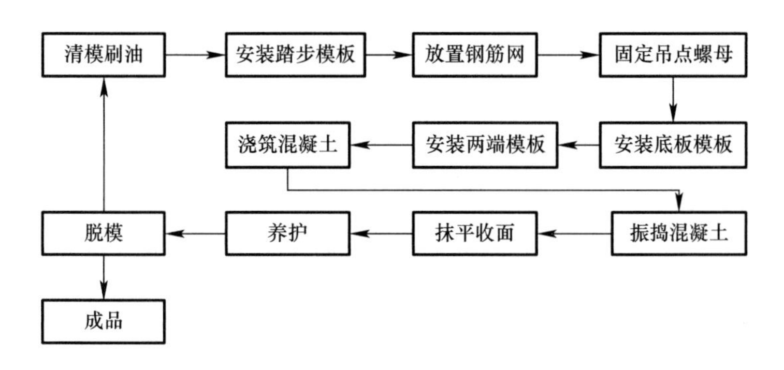

图 7.2-15 梯段生产工艺流程

2. 主要生产工艺

(1) 清模刷油

制作楼梯前，应先将模板清扫至表面清洁、无锈迹、无污染状态，然后将隔离剂均匀涂抹在模板内侧。

(2) 踏步模板安装

通过吊车将踏步模板吊运至模台指定位置，调整好位置后，用螺栓将模板固定在模台上。

(3) 钢筋网放置

将预先制作完成的楼梯钢筋网片安装在踏步模板内侧，并调整好位置。

(4) 吊点螺母固定

通过磁吸将尾部带有钢筋的预埋螺母固定在踏步模板内侧，并调整好位置。螺母固定如图 7.2-16 所示。

图 7.2-16 吊点螺母固定

(5) 底板模板安装

通过吊车将底板模板吊运至模台指定位置，调整好位置后，用螺栓将模板固定在模台上。

（6）梯段两段模板安装

将梯段两端环形钢筋插入端模预留孔中，然后用螺栓将端模固定在梯段模板上。

（7）混凝土浇筑

混凝土浇筑采用布料系统，布料机将设计强度的混凝土浇入楼梯模板内。混凝土的浇筑应连续进行，如因故必须间断时，其间断时间应小于前层混凝土的初凝时间或能重塑的时间。浇筑混凝土时，注意观察模具、钢筋骨架、预埋件等，如有异常，应及时采取措施补强、纠正。混凝土浇筑时应通过振捣棒进行振捣，确保混凝土浇筑密实。混凝土振捣完成，应由人工对楼梯侧面混凝土进行平整处理。

7.2.6 构件预制质量标准

1. 原材料质量要求

热轧带肋钢筋和热轧光圆钢筋符合《钢筋混凝土用钢　第1部分：热轧光圆钢筋》GB/T 1499.1和《钢筋混凝土用钢　第2部分：热轧带肋钢筋》GB/T 1499.2的规定。钢筋应有产品合格证和出厂检验报告，钢筋表面或每盘（捆）均应有标志，进入构件厂的钢筋，应按炉罐（批）号及直径分批检验。

混凝土原材料进场应随带对应的供货商质量合格证明材料（合格证、出厂检测报告）。对涉及结构安全和重要使用功能的原材料除供应商提供出厂合格证书之外，还应按相关施工验收规范中的要求，对进场材料按规定的种类、批量、参数做进场复验，合格后方可使用。

2. 模具质量要求

模具设计应考虑构件生产工艺、脱模方式、模具的三维约束，温度的影响及模具拆装程序等的要求。模具应具有足够的刚度、强度和平整度，在运输、使用、拆除、存放等过程中应采取措施，防止其变形、受损，存放模具的场地应坚实、无积水。

模具组装后，应进行误差检查，模具组装完成后尺寸允许偏差应符合表7.2-1的要求，净尺寸宜比构件尺寸缩小1～2mm。应定期对模具进行保养维护。模具维护或暂停生产时，应保持模板平台面、模板内外侧及配件等的干燥整洁。

模具组装尺寸允许偏差　　**表7.2-1**

测定部位	允许偏差（mm）	检验方法
边长	±2	钢尺四边测量
对角线误差	3	细线测量两根对角线尺寸，取差值
底模平整度	2	对角用细线固定，钢尺测量细线到底模各点距离的差值，取最大值

续表

测定部位	允许偏差（mm）	检验方法
侧板高差	2	钢尺两边测量取平均值
表面凸凹	2	靠尺和塞尺检查
扭曲	2	对角线用细线固定，钢尺测量中心点高度差值
翘曲	2	四角固定细线，钢尺测量细线到钢模边距离，取最大值
侧向扭曲	$H \leqslant 300$，1.0	侧模两对角用细线固定，钢尺测量中心点高度
	$H > 300$，2.0	侧模两对角用细线固定，钢尺测量中心点高度

3. 吊运质量要求

预制构件起吊点应合理设置，防止起吊引起构件变形。预制构件吊点可预埋已经过计算验算的吊钩（环），也可采用可拆卸的埋置式形式在构件内预埋接驳器，埋置式接驳器应与构件内埋件或钢筋做可靠的焊接连接。起吊吊具应符合最大起重重量要求，采用预埋吊环形式的吊点，应采用专用起吊卸夹。埋置式接驳器专用吊具应经过计算，符合构件重量的起吊量。

构件的运输方式应遵循构件的特点，采用不同的叠放和装架方式，对于需要使用运输货架的构件，应对货架进行特别设计。

7.2.7 质量控制标准

（1）预制混凝土构件混凝土强度应按《混凝土强度检验评定标准》GB/T 50107的规定分批检验评定。

（2）构件生产过程中各分项工程（隐蔽工程）应检查记录和验收合格单。

检查数量：全数检查。

检查方法：所有验收合格单必须签字齐全、日期准确方可归档。

（3）钢筋网片或骨架装入模具后，应按设计图纸要求对钢筋位置、规格、间距、保护层厚度等进行检查，允许偏差应符合表7.2-2的规定。

检查数量：同一工作班生产的同类型构件，经全数自检、互检合格后，专检抽检不应少于30%，且不少于5件。

检查方法：钢尺、保护层厚度测定仪检查。

钢筋网或者钢筋骨架尺寸和安装位置偏差 **表7.2-2**

项目		允许偏差（mm）	检验方法
绑扎钢筋网	长、宽	±10	钢尺检查
	网眼尺寸	±20	钢尺量连续三档，取最大值

续表

项目			允许偏差（mm）	检验方法
绑扎钢筋骨架	长		±10	钢尺检查
	宽、高		±5	钢尺检查
	钢筋间距		±10	钢尺量两端、中间各一点
受力钢筋	位置		±5	钢尺量测两端、中间各一点，取较大值
	排距		±5	
	保护层	梁	±5	钢尺检查
		楼板、墙、楼梯	±3	钢尺检查
绑扎钢筋、横向钢筋间距			±20	钢尺量连续三档，取最大值
箍筋间距			±20	钢尺量连续三档，取最大值
钢筋弯起点位置			±20	钢尺检查

（4）预制混凝土构件应在明显部位标识构件型号、生产日期和质量验收标识。

检查数量：全数检查。

检查方法：构件型号、生产日期和质量验收标志准确。

（5）预制构件验收包括外观质量、几何尺寸等。预制墙尺寸允许偏差应符合表 7.2-3 的规定，叠合楼板尺寸允许偏差应符合表 7.2-4 的规定，预制楼梯尺寸允许偏差应符合表 7.2-5 的规定。

检查数量：同一工作班生产的同类型构件，经全数自检、互检合格后，专检抽检不应少于 30%，且不少于 5 件。

检查方法：钢尺、靠尺、调平尺、保护层厚度测定仪检查。

预制墙尺寸允许偏差及检验方法 **表 7.2-3**

项目		允许偏差（mm）	检验方法
预留钢筋	中心位置	3	钢尺检查
	外漏长度	0，5	钢尺检查
预埋（安装定位孔）	中心位置	3	钢尺检查
两侧 100mm 范围内平整度		2	2m 靠尺和塞尺检查
长度		±3	钢尺检查
宽度、高（厚）度		±3	钢尺量一端及中部，取其中较大值
侧向弯曲		L/1000 且≤3	拉线、钢尺量最大侧向弯曲处
预埋件	中心位置	3	钢尺检查
	安装平整度	3	靠尺和塞尺检查
预埋线盒、预留孔洞位置		3	钢尺检查
预留螺母	中心位置	3	钢尺检查
	螺母外漏长度	0，−3	钢尺检查

续表

项目	允许偏差（mm）	检验方法
对角线差	5	钢尺测量两个对角线
表面平整度	3	2m靠尺和塞尺检查
翘曲	$L/1000$	调平尺在两端量测

注：L为构件长度（mm）。检查中心线位置时，应沿纵、横两个方向量测，并取其中较大值。

叠合楼板尺寸允许偏差及检验方法　　表7.2-4

项目		允许偏差（mm）	检验方法
桁架钢筋高度		0，3	钢尺检查
长度		±3	钢尺检查
宽度、高（厚）度		±3	钢尺检查
侧向弯曲		$L/750$且≤3	拉线、钢尺量最大侧向弯曲处
对角线差		5	钢尺测量两个对角线
表面平整度		3	2m靠尺和塞尺检查
预埋线盒	中心位置	3	钢尺检查
	安装平整度	3	靠尺和塞尺检查
预埋吊环	中心位置	3	钢尺检查
	外漏长度	±10，0	钢尺检查
预留钢筋	中心位置	3	钢尺检查
	外漏长度	0，5	钢尺检查
预留孔洞位置		3	钢尺检查

注：L为构件长度（mm）。检查中心线位置时，应沿纵、横两个方向量测，并取其中较大值。

预制楼梯尺寸允许偏差及检验方法　　表7.2-5

项目		允许偏差（mm）	检验方法
长度		±3	钢尺检查
侧向弯曲		$L/750$且≤3	拉线、钢尺量最大侧向弯曲处
宽度、高（厚）度		±3	钢尺量一端及中部，取其中较大值
预留钢筋	中心位置	3	钢尺检查
	外漏长度	0，5	钢尺检查
预埋螺母	中心位置	3	钢尺检查
	螺母外漏长度	0，−3	钢尺检查
预埋件	中心位置	3	钢尺检查
	安装平整度	3	靠尺和塞尺检查
对角线差		5	钢尺测量两个对角线
表面平整度		3	2m靠尺和塞尺检查

续表

项目	允许偏差（mm）	检验方法
翘曲	$L/750$	调平尺在两端量测
相邻踏步高低差	3	钢尺检查

注：L 为构件长度（mm）。检查中心线位置时，应沿纵、横两个方向量测，并取其中较大值。

（6）预制混凝土构件外装饰外观除应符合表 7.2-6 的规定外，尚应符合《建筑装饰装修工程质量验收规范》GB 50210 的规定。

检查数量：全数检查。

检查方法：观察、钢尺检查。

构件外装饰尺寸允许偏差及检验方法　　表 7.2-6

外装饰种类	项目	允许偏差（mm）	检验方法
通用	表面平整度	2	2m 靠尺或塞尺检查
石材和面砖	阳角方正	2	用托线板检查
	上口平直	2	拉通线用钢尺检查
	接缝平直	3	用钢尺或塞尺检查
	接缝深度	±5	
	接缝宽度	±2	用钢尺检查

注：当采用计数检验时，除有专门要求外，合格点率应达到 80%及以上，且不得有严重缺陷，可以评定为合格。

（7）门窗框安装除应符合《建筑装饰装修工程质量验收规范》GB 50210 的规定外，安装位置允许偏差尚应符合表 7.2-7 的规定。

检查数量：全数检查。

检查方法：观察、钢尺检查。

门框和窗框安装位置允许偏差及检验方法　　表 7.2-7

项目	允许偏差（mm）	检验方法
门窗框定位	±1.5	钢尺检查
门窗框对角线	±1.5	钢尺检查
门窗框水平度	±1.5	钢尺检查

注：当采用计数检验时，除有专门要求外，合格点率应达到 80%及以上，且不得有严重缺陷，可以评定为合格。

7.3 装配施工工艺

7.3.1 施工工艺流程

本工程采用全预制装配式环筋扣合锚接混凝土剪力墙体系，依照构件拆分及连接节点构造确定本工程预制结构施工工艺流程如图 7.3-1，在完成下层预制构件吊装及现浇节点、叠合层混凝土浇筑后，再施工上一层结构。

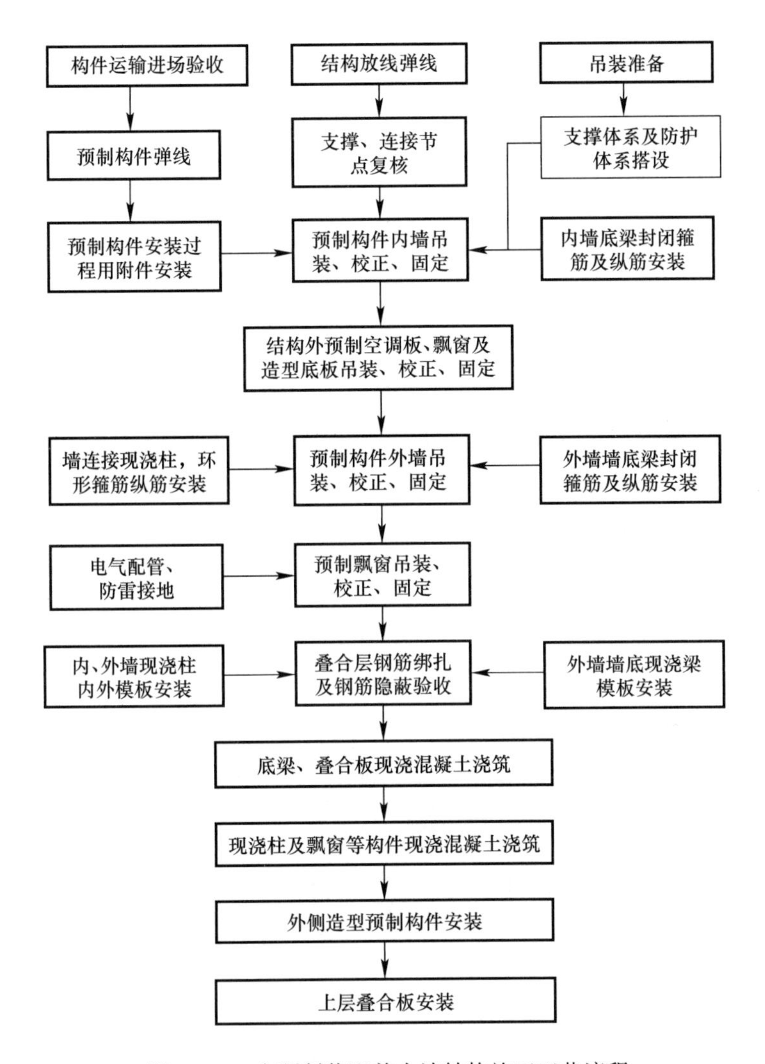

图 7.3-1 全预制装配剪力墙结构施工工艺流程

7.3.2 施工关键点及难点

本工程采用的预制结构主要关键点为：预制构件的工厂制作过程质量控制、运输；预制构件的吊装及临时固定连接措施；施工配套机械的选用；预制结构之间连接节点施工。

施工难点在于：预制装配构件的临时固定连接方法、校正方法需用工具；装配施工时的误差控制（主要体现在墙的平面偏差、标高偏差和垂直度偏差的控制和调节）；现浇连接节点的钢筋施工；外脚手架施工，施工工序与施工技术流程控制；成品的保护等。

7.4 主要安装工艺要点

7.4.1 构件运输与现场堆放

1. 预制构件运输

预制构件的运输应注意下列事项：

混凝土构件厂内起吊、运输时，混凝土强度应符合设计要求。

构件支承的位置和方法，应根据其受力情况确定，但不得超过构件承载力或引起构件损伤；构件出厂前，应将杂物清理干净。

预制环形钢筋混凝土楼板运输时应沿垂直受力方向设置支撑分层平放，每层间的支撑应上下对齐，叠放层数不应大于 6 层；预制环形钢筋混凝土楼梯、预制内外墙运输时应立放。

预制构件采用汽车运输，根据构件特点设计专用运输架，并采取用钢丝绳加紧固器等措施绑扎牢固，防止移动或倾倒；相邻两墙间应放置木枋，对构件边部或与链索接触处的混凝土，应采用衬垫加以保护，防止构件运输受损。剪力墙运输架如图 7.4-1 所示。

图 7.4-1 墙运输架

构件运输前，根据运输需要选定合适、平整坚实路线，车辆启动应慢、车速行驶均匀，严禁超速、猛拐和急刹车。在停车吊装的工作范围内不得有障碍物，并应有可满足预制构件周转使用的场地。

构件运输要按照图纸设计和施工要求编号运达现场，并根据工程现场施工进度情况以及预制构件吊装的顺序，确定好每层吊装所需的预制构件及此类构件在车上的安放位置，以便于现场按照吊装顺序施工。

2. 预制构件验收

预制构件应按照下列步骤进行：

应当在工厂做好质量把关工作，主要把关内容是预制构件的几何尺寸、钢材及混凝土等材料的质量检验过程，以及构件外观观感及安装配件的预留位置和预埋套筒的有效性。

进入现场的预制构件应具有出厂合格证及相关质量证明文件，产品质量应符合设计及相关技术标准要求。预制构件应在明显部位标明生产单位、项目名称、构件型号、生产日期、安装方向及质量合格标志。预制构件的外观质量不应有严重缺陷。对出现的一般缺陷，应按技术处理方案进行处理，并重新检查验收。

预制构件不应有影响结构性能和安装、使用功能的尺寸偏差。对超过尺寸允许偏差且影响结构性能和安装、使用功能的部位，应按技术处理方案进行处理，并重新检查验收。预制构件吊装预留吊环、预埋件应安装牢固、无松动。预制构件的预埋件、外露钢筋及预留孔洞等规格、位置和数量应符合设计要求。

3. 预制构件存放

预制构件应按照下列方法存放：

堆放构件的场地应平整坚实，并应有排水措施，沉降差不应大于 5mm。预制构件运至现场后，根据施工平面布置图进行构件存放，构件存放应按照吊装顺序、构件型号等配套堆放在塔吊有效吊重覆盖范围内。不同构件之间堆放应设 1.2m 宽的通道。

预制剪力墙插放于专用固定架内，固定架采用型钢焊接成型，地锚固定，根据墙的吊装编号顺序从外至内依次插放，固定架如图 7.4-2 所示。

图 7.4-2 剪力墙固定架

叠合板采用叠放方式，叠合板底部应垫型钢或方木，保证最下部叠合板离地 10cm 以上；上下层叠合板之间宜沿垂直受力方向设置硬方木支撑分层平放，每层间的支撑应上下对齐，叠放层数不应大于8层，叠合板叠放顺序应按吊装顺序从上到下依次堆放，叠合板叠放如图7.4-3所示。预制环形钢筋混凝土楼梯堆放时应立放。

图7.4-3　叠合板叠放图

构件直接堆放必须在构件上加设枕木。场地上的构件应作防倾覆措施，运输及堆放支架数量要满足周转使用；堆放好以后要采取临时固定措施。

4. 运输道路与构件堆场

预制装配构件运输施工道路，考虑吊装车辆及构件车辆的运行，故专门进行设置。做法如下，或者按照图7.4-4进行路基施工，路面采用装配式路面，可周转使用，绿色环保。

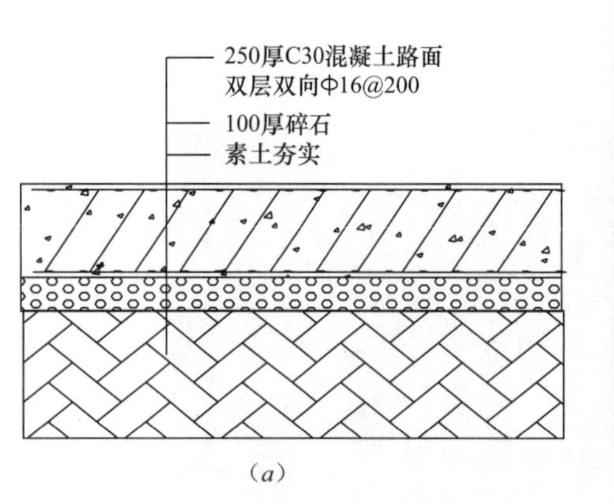

(*a*)

(*b*)

图7.4-4　施工道路做法示意图

(*a*) 道路制作示意图；(*b*) 预制装配道路示意图

按照PC构件堆放承载及文明施工要求，现场裸露的土体（含脚手架区域）场地需进行场地硬化，做法如图7.4-5。

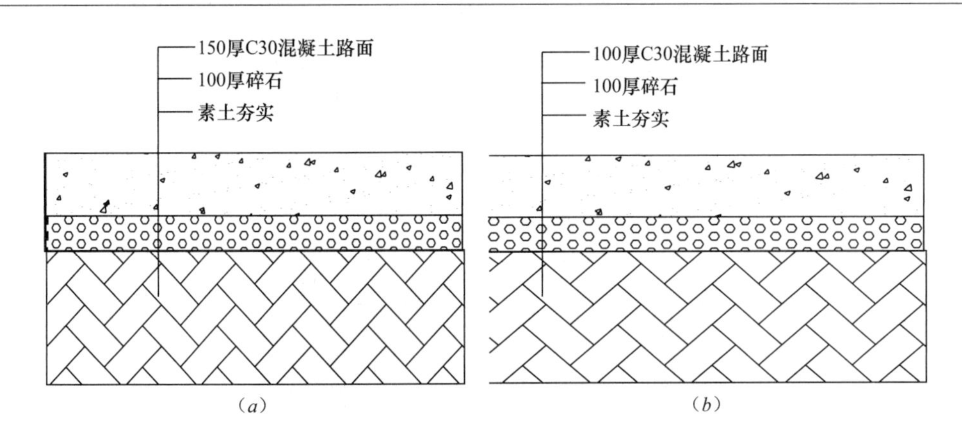

图 7.4-5 场地硬化示意图

(a) 构件堆场硬化示意图；(b) 普通道路硬化示意图

7.4.2 吊装前准备

对进场检验合格的构件进行构件弹线及尺寸复核，在建筑物拐角两侧的外墙内、外侧弹出轴线平移垂线，按照板定位轴线向左右两边往内 500mm 各弹出两条竖向控制平移线，距离满足测量要求，并且内外线定位一致，作为建筑物整体垂直度及定位的控制线，在外墙内侧弹出各楼层 1000mm 标高水平控制线，要求标高水平控制线与垂直轴线相垂直，并保证构件竖向及水平钢筋的定位满足图纸设计要求及规范允许偏差，可以节省吊装校正时间，也有利于安装质量控制。

楼梯在构件生产过程中留置内吊装杆，采用专用吊钩与吊装绳连接，吊装构件如图 7.4-6，楼梯吊装示意如图 7.4-7；剪力墙采用内丝套筒及万向吊环作为吊装吊具，吊具如图 7.4-8，施工中将内丝套筒预埋在剪力墙中，吊装时旋入万向吊环进行吊装；叠合板吊装采用 6～8 个卸扣挂在钢筋桁架上弦纵筋与腹筋焊接处，利用吊装架对称进行自平衡吊装。

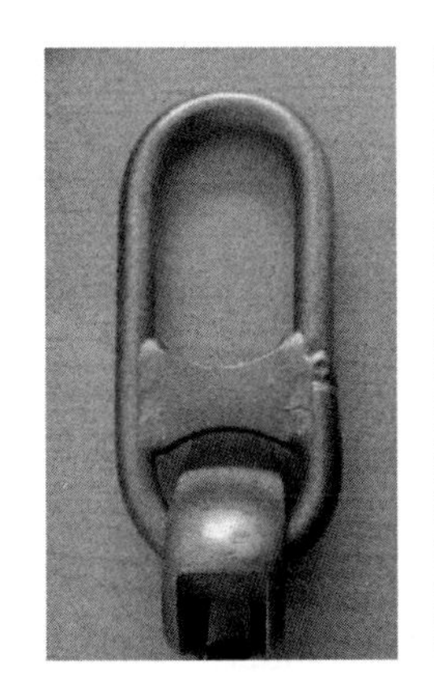
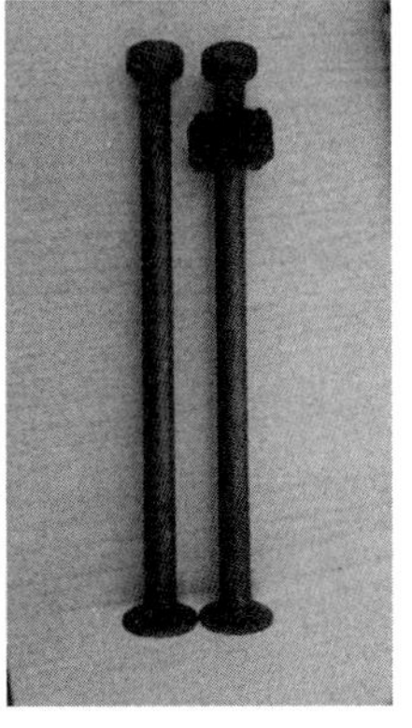

图 7.4-6 楼梯吊装鸭嘴扣和预埋吊杆

图 7.4-7 楼梯吊装示意图

图 7.4-8 剪力墙吊装吊具示意图

将每块剪力墙上用于墙体垂直度调整及支撑的构件，房屋四周直角相邻构件稳定连接斜撑的连接构件，上层叠合楼板就位支撑构件，外脚手架支撑连接件等措施性构件在起吊前需要安装到位，以便于后序安装施工进度加快及保证施工质量及安全。

预制构件进场存放后根据施工流水计划在构件上标出吊装顺序号，标注顺序号与图纸上序号一致。构件吊装之前，需要将连接面清理干净，并将每层构件安装后现浇配筋按照图纸数量准备到位，并做好分类、分部位捆扎，便于钢筋吊装及安装进行。

考虑到预制剪力墙吊装受力问题，采用钢扁担作为起吊工具，这样能保证吊点的垂直。钢扁担采用吊点可调的形式，使其通用性更强。图 7.4-9 为钢扁担的构造示意图，图 7.4-10 为可调节吊钩示意图。

由于叠合板设计预制厚度为 60mm，板在转运及吊装过程中强度较小，需要制作四边形吊装架作为起吊工具，架体下侧设置滑轮及绳索，使吊装叠合板时能够自动受力平衡，保证叠合板受力均匀，不变形及折断。叠合板吊装架如图 7.4-11 所示。

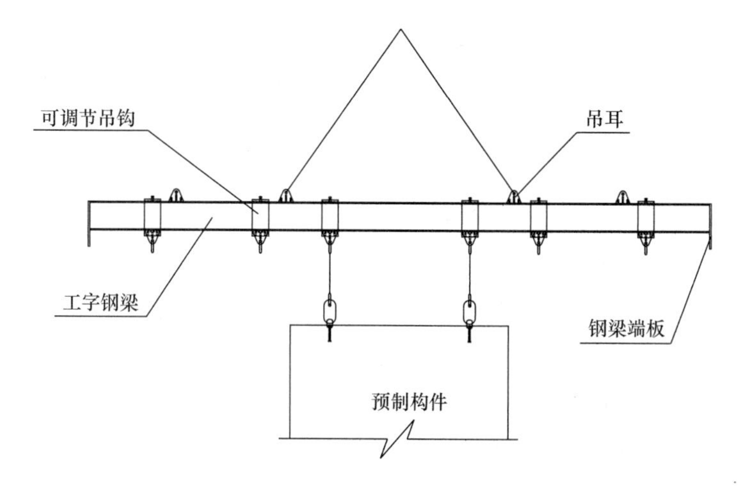

图 7.4-9 钢扁担的构造示意图

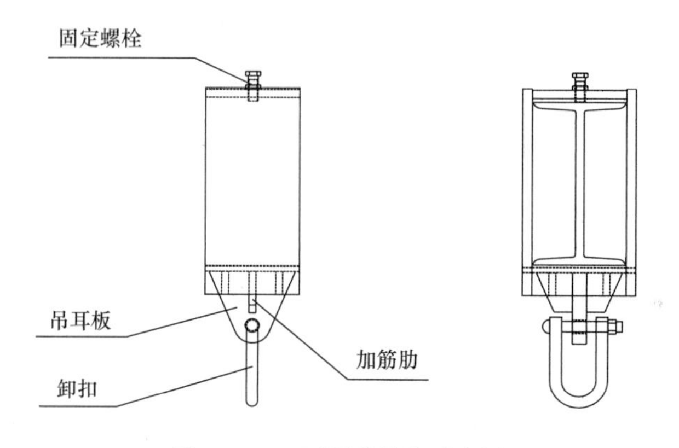

图 7.4-10 可调节吊钩示意图

图 7.4-11 叠合板吊装架示意图

本工程预制构件最大件重量 8.1t 计算，吊装索具等暂估 0.5t，整体吊装重量按照 8.6t 考虑。拟采用双侧单绳吊装。计算方法如下：

计算载重：$P=K_1\times K_2\times(Q+q)$

式中 Q——构件重量；

q——设备起吊索具等附加重量；

$K_1=1.1$——动载系数；

$K_2=1.1$——不平衡系数。

钢丝绳允许拉力按下列公式计算：$F_0=K'\times D_2\times R_0/1000$

式中 F_0——钢丝绳的最小破断拉力（kN）；

D——钢丝绳的公称直径（mm）；

K'——某一指定结构钢丝绳的最小破断拉力系数；

R_0——钢丝绳公称抗拉强度（MPa）；

K——钢丝绳的安全系数，按吊索无弯曲。

7.4.3 安装定位测量及控制

1. 定位测量控制步骤

预制装配式结构，定位测量与标高控制，是一项施工重要内容，关系到装配式建筑物定位、安装、标高的控制，针对本工程特点，采取控制设计图纸的坐标系统及轴线定位，逐渐引进、逐渐控制。

平面控制采用轴线网状控制法，垂直控制每楼层设置 4 个引测点，通过采用内控或外控相结合的方式进行垂直测量和轴线引测控制，在房屋的首层根据坐标设置四条标准轴线（纵横轴方向各两条）控制桩，用经纬仪或全站仪定出建筑物的四条控制轴线，将轴线的相交点作为控制点。内控测控点布置示意图如图 7.4-12。

每栋建筑物设标准水准点 2 个，在首层墙柱上确定控制水平线。根据控制轴线及控制水平线依次放出建筑物的纵横轴线，依据轴线放出墙、柱、门洞口及结构各节点的细部位置线和安装楼板的标高线、楼梯的标高线、异型构件的位置线及编号。轴线放线偏差不得超过 2mm，放线遇有连续偏差时，应考虑从建筑物一条轴线向两侧调整。

2. 轴线引测方法

根据本工程主楼建筑的平面形状特点，通过地面上设置的纵横轴线及测量线形成的控制网，在建筑物的地下室顶板面上设置垂直控制点，控制点设置如图 7.4-12 所示，要求控制点所在各楼层位置应有不小于 250mm×250mm 的预留孔作为通视孔，纵横轴线组成十字平面控制网。

首层平面定位线依照建筑外侧车库顶板上的定位平移线进行轴线控制，并用水平尺及线坠测量安装垂直度，使之符合规范要求后用斜支撑固定，并对房间内轴线距

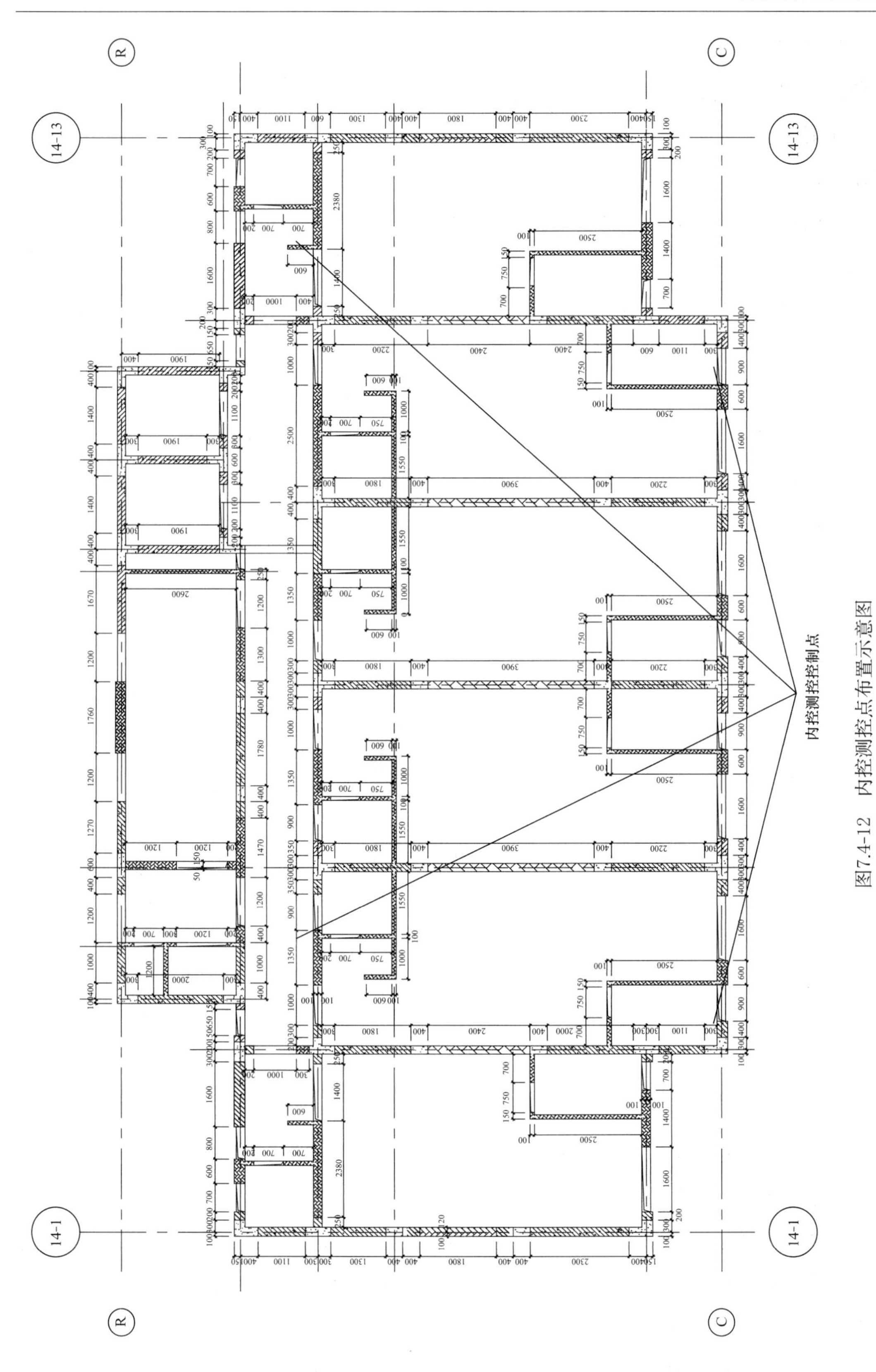

图7.4-12 内控测控点布置示意图

（内墙皮距离）进行测量，保证垂直度和轴线定位都满足规范要求，并做到最小误差，避免误差积累使总误差或局部误差超标。

在第二层楼面叠合板就位后通过地下室固定引测点（留设孔）测量放线。引测时，操作者将激光准直仪架在控制点上，对中调平，楼层上一个操作者将一个十字丝操作控制点放在预留孔上，通过上、下人员用对讲机联络，调整精度，使激光接收靶十字丝和激光准直仪十字丝重合，即在预留孔边做好标记，在上弹十字黑线，该点即引测完毕。其次，将其他轴线控制点分别引测到同一个楼面上，为保证测量精度，在十字线交点用激光准直仪向上引测合格后，先不拆除激光准直仪，直接在楼面上用经纬仪对准引测点，然后移动激光准直仪将其他点引测好，再使用经纬仪引出直线，并转角校核，拉尺量距离，准确无误后即可形成轴线控制网，平面控制竖向传递示意图如图7.4-13所示。

高程控制利用全站仪或水准仪配合激光测距仪进行控制，高程控制竖向传递如图7.4-14所示。

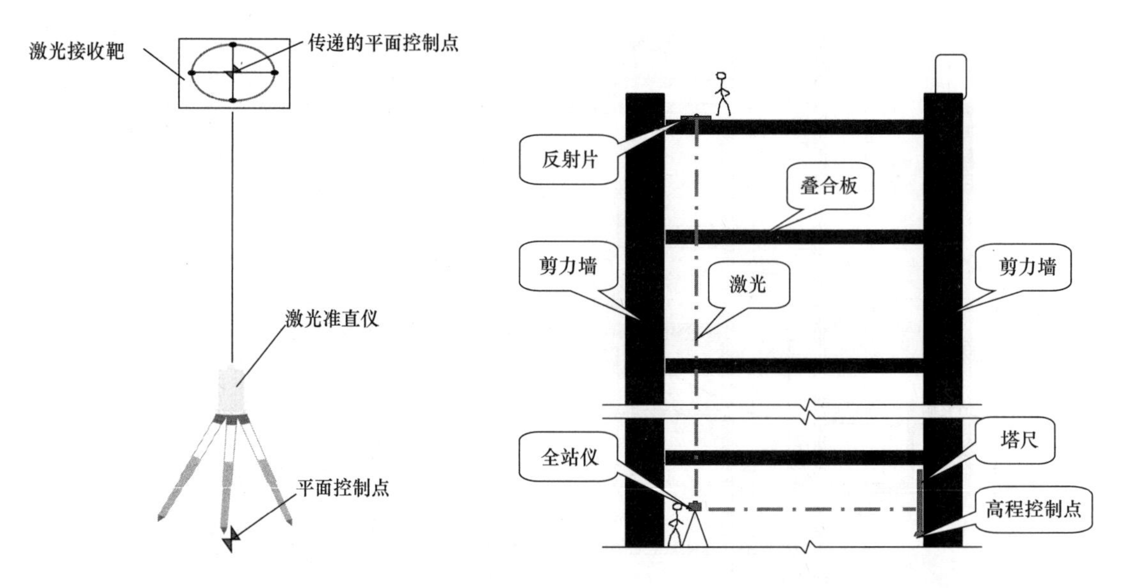

图7.4-13　平面控制竖向传递示意图　　图7.4-14　高程控制竖向传递示意图

建筑物垂直度控制，利用外控方式进行测量控制，构件安装就位校正后，在室内利用水准尺或线坠进行单个构件垂直度测量找正，满足规范要求后用斜支撑固定，在建筑外侧，利用轴线平移线进行建筑物整体垂直度的复测和控制，当每层楼的所有构件安装完毕，形成闭合空间结构，在未浇筑立柱及叠合板之前，对本层构件及整体垂直度进行测量，发现偏差及时进行调整合格后，方可进行浇筑。

每块预制构件均有纵、横两条控制线，并以控制轴线为基准在叠合楼板上弹出构件进出控制线、每块构件水平位置控制线以及安装检测控制线。构件安装后楼面安装控制线应与构件上安装控制线吻合。

7.4.4 结构安装

1. 地下室现浇结构预留及施工要求

本工程地上部分为预制剪力墙结构，地下室为现浇剪力墙结构，为了保证现浇剪力墙能够与预制墙体形成环筋扣合锚接连接形式，要求地下室一层剪力墙竖向钢筋上部留置为U形环筋形式，如图7.4-15所示。

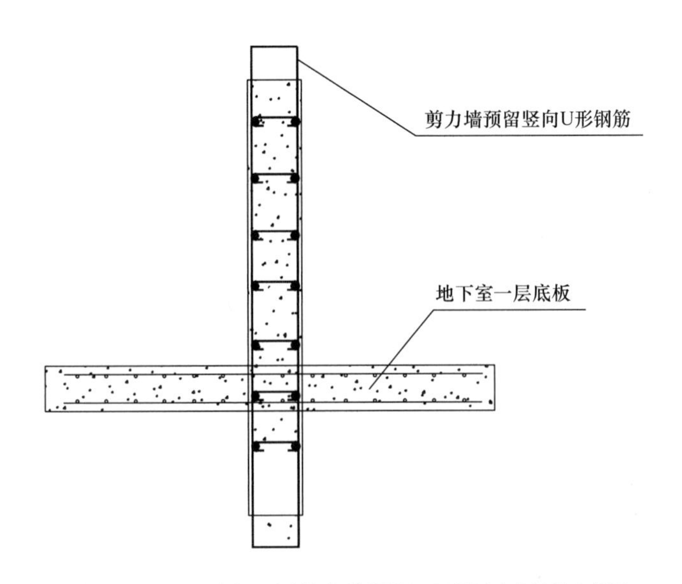

图7.4-15 地下室一层剪力墙预留U形竖向钢筋示意图

为了保证地下室负一层剪力墙预留U形环形钢筋施工质量要求满足预制剪力墙装配要求，先绑扎约束边缘构造柱的柱钢筋，然后进行标高测量，按照钢筋上表面减去钢筋直径计算出标高定位钢管安装的上标高，将两根钢管按照剪力墙宽度采用可靠方式绑扎在立柱钢筋上，将按照绑扎搭接要求下料制作好的U形剪力墙竖向钢筋开口朝下，从两根钢管上套下来，使钢筋下缘紧贴钢管，在钢管上用油漆画好剪力墙竖向钢筋的定位线，然后按照定位线将钢筋与定位钢管绑扎，从上到下反向绑扎剪力墙竖向钢筋与横向钢筋，直至剪力墙钢筋绑扎完成。

由于结构设计地下室负一层约束边缘构件的位置与地上一层后浇节点位置及配筋数量不尽相同，要求地下室一层与地上一层预留柱连接部分满足以下要求：

（1）负一层剪力墙约束边缘构件需要预留的一层后浇节点（约束边缘构件）位置按照14号楼结施图墙梁拆分图确定。

（2）负一层剪力墙暗柱配筋截面尺寸超出一层后浇节点尺寸的，将柱钢筋上侧变更U形环钢筋，标高与所处区域剪力墙预留钢筋标高相同，负一层上无14号楼结施图墙梁拆分图后浇节点处植入直螺纹柱筋，柱筋按14号楼结施紧邻节点约束边缘构件要求配置。

地下室一层现浇结构分两次进行浇筑，第一次浇筑剪力墙至板底位置，即－1.080m（楼梯间位置因休息平台及平台梁设计高度要求，剪力墙浇筑至－0.070m）；然后安装地上一层剪力墙结构，安装找正及固定完成后，安装地下室一层顶板钢筋，然后二次浇筑顶板及一层预制墙体水平接缝。在地下室一层顶板浇筑后，再浇筑剪力墙立柱节点，然后搭设叠合板临时支撑，安装上层叠合板结构。随后按照剪力墙安装工艺依次进行上层预制构件的安装。现浇结构与装配式结构分隔及连接示意图如图7.4-16所示：

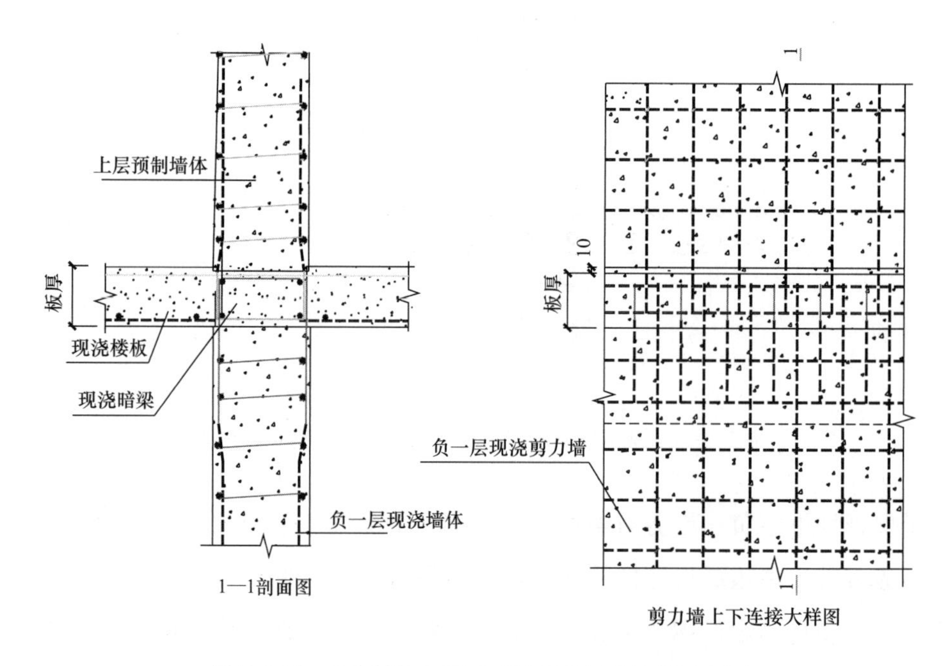

图7.4-16　现浇结构与装配式结构分隔及连接示意图

2. 墙体安装

墙体吊装工艺流程：挂钩、检查构件水平→安装、就位→调整固定→取钩。

（1）选择吊装工具

根据构件形式及重量选择合适的吊具，当剪力墙上面与钢丝绳的夹角小于45°时或剪力墙上吊点距离超过2m时应加钢梁吊装。对于对称构件，吊装时采用对称吊索进行吊装，对于非对称构件，重量小的一侧使用钢丝绳吊索，重量大的一侧使用吊索和调整捯链进行构件水平调整，在墙体之外突出的飘窗等构件，也需要使用吊索与调整捯链进行吊装水平调整。

（2）试吊及检查构件水平

剪力墙吊装通过预埋吊杆及专用吊钩或预埋内丝吊装套筒配合万向吊环进行，当构件起吊至距地 300mm，停止提升，检查塔吊的刹车等性能，吊具、索具是否可靠，构件外观质量及吊环连接无误后可进行正式吊装工序，起吊要求缓慢匀速，保证预制剪力墙边缘不被损坏。

试吊时还应检查构件是否水平，各吊点的受力情况是否均匀，利用调节捯链使构件达到水平，各吊钩受力均匀后方可起吊至施工位置。

构件吊装过程中要求在构件底部环筋两侧绑扎两根 ϕ16 白棕绳作为构件牵引导向及缆风绳，防止构件无序随风摆动及随意旋转。

（3）就位、安装

利用外附着式塔吊进行预制剪力墙垂直运输，在距离安装位置 150cm 高时停止构件下降，剪力墙的正反面应该和图纸正反面一致，用缆风绳将正反调整好后，在垂直位将剪力墙降落至设计标高，剪力墙水平 U 型钢筋直接套在后浇筑竖向钢筋上就位。

根据楼面所放出的剪力墙侧边线、端线等定位线控制构件安装位置，使剪力墙就位安装。根据控制线精确调整剪力墙底部，使底部位置和测量放线的位置重合。

在外剪力墙构件两端下侧，为保证墙体轴线定位准确、快捷，在墙体预制时下侧设置三角楔形槽，楔形槽顶与轴线重合，下侧与轴线对称布置，要求楔形顶与轴线定位偏差小于 1mm；在墙体上侧对应位置预埋内丝套筒，安装时在下层剪力墙顶内丝套筒上拧入圆锥形定位顶针，定位顶针伸入上层墙底楔形槽内，并由顶针上拧入深度控制其上焊接的平垫板标高来控制和托住上层墙体，实现墙体轴线、标高快速准确定位。三角锥槽预留及内丝套筒、调节顶针如图 7.4-17 所示。

（4）调整、固定

在设置定位槽及调节顶针的墙体，标高及轴线定位用调节顶针使之符合规范要求，剪力墙就位测量标高、轴线符合规范要求后，采用斜支撑进行垂直度调整，用铝合金检验尺复核剪力墙垂直度，旋转斜支撑调整，直到构件垂直度符合规范要求，将斜支撑锁死固定。

若定位槽及顶针自身偏差过大造成剪力墙安装轴线偏差较大时，将锥形顶针换为平板托，只调节标高，定位采用下述方式进行：轴线定位调整采用人工调整，墙体就位前，按照墙体定位画线将剪力墙落在初步安装位置（整个调整过程钢丝绳不可以脱钩，还必须承担部分构件重量）。然后利用撬棍进行限位及撬动，使剪力墙轴线及平面位置符合规范要求，平面位置误差不得超过 2mm。

剪力墙下侧预留调节三角楔形定位槽

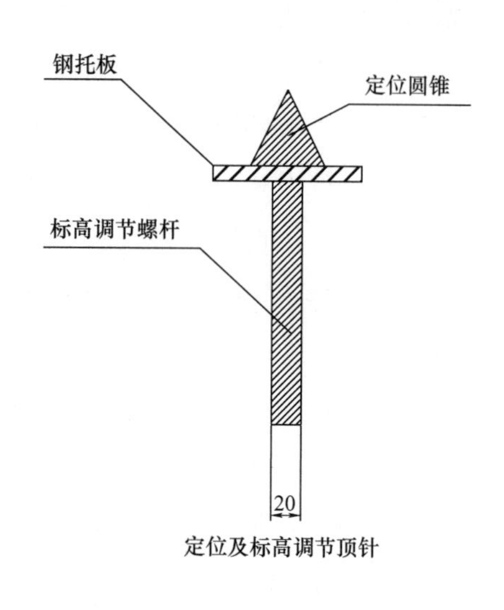

定位及标高调节顶针

图 7.4-17 剪力墙预留定位槽及定位顶针示意图

剪力墙的水平调节以上口水平及楼层水平弹线控制为重点，若剪力墙下口平面位置与下层剪力墙的上口不一致时，应以后者为准，且在保证垂直度的情况下，尽量使外观保持一致。调节标高必须以剪力墙上的标高及水平控制线作为控制的重点，标高的允许误差为 2mm，每吊装 3 层必须整体校核一次标高、轴线的偏差，确保偏差控制在允许范围内，若出现超出允许的偏差应由技术负责人与监理、设计、业主代表共同研究解决，严禁蛮干。

（5）取钩

操作工人站在室内人字梯上并系好安全带取钩，安全带与防坠器相连，防坠器要有可靠的固定措施与已安装下层结构相连接。

（6）吊装安全措施

结构吊装应采用慢起、快升、缓放的操作方式，保证构件平稳放置。构件吊装时，起吊、回转、就位与调整各阶段应有可靠的操作与施工措施，以防构件发生碰撞扭转与变形。

（7）墙体安装顺序：根据结构及户型特点，按户型从远至近依次安装。分户安装时，先进行内墙吊装、后进行外墙吊装。

墙体临时支撑安装顺序：

首层内墙墙体支撑安装：由于地下室顶板为后浇，内外墙侧临时支撑采用斜支撑。

斜支撑每片预制墙体单侧支撑不少于 2 根；采用双侧支撑，保证墙体稳定安全。首层临时竖向支撑如图 7.4-18。

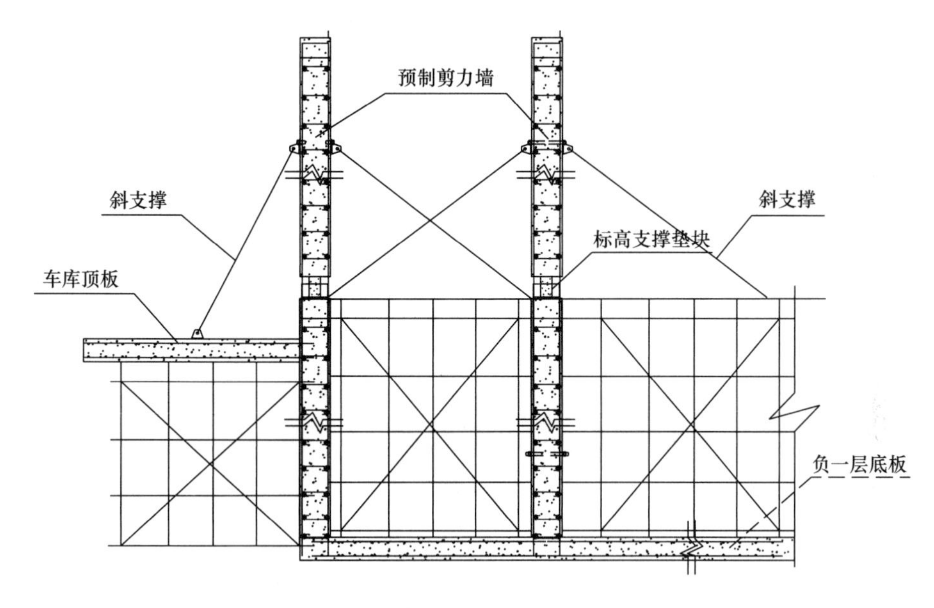

图 7.4-18 第一层临时竖向支撑设置图

斜支撑上侧墙体连接件及下侧连接件如图 7.4-19 所示，由于 14 号楼周围地下车库顶板比地下室负一层顶板低 0.5m，和地下室负一层剪力墙同时浇筑，所以在地下车库顶板浇筑前，在预制外墙斜支撑位置，按照计算好的斜撑角度及距离确定对应支撑底板预埋连接件位置，将内丝套筒埋件或 ϕ25 钢筋斜支撑埋件预埋后用于临时斜支撑底部固定。首层临时竖向支撑布置图如图 7.4-20，二层及以上斜支撑按照设置位置布置。

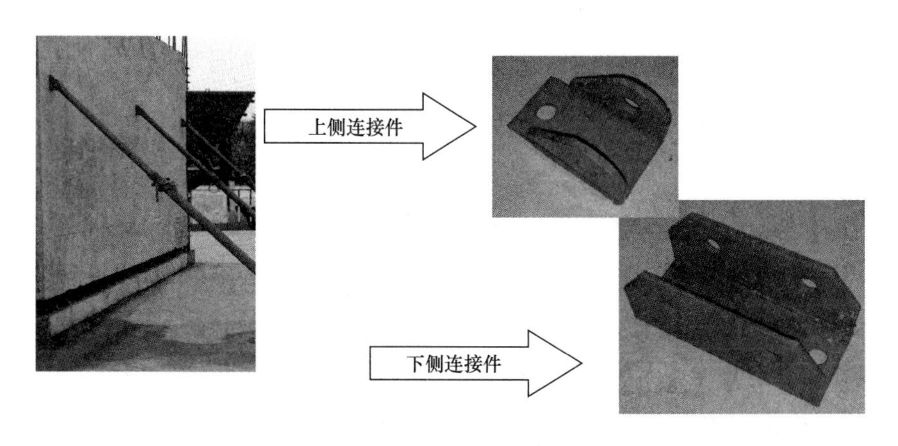

图 7.4-19 斜支撑连接件示意图

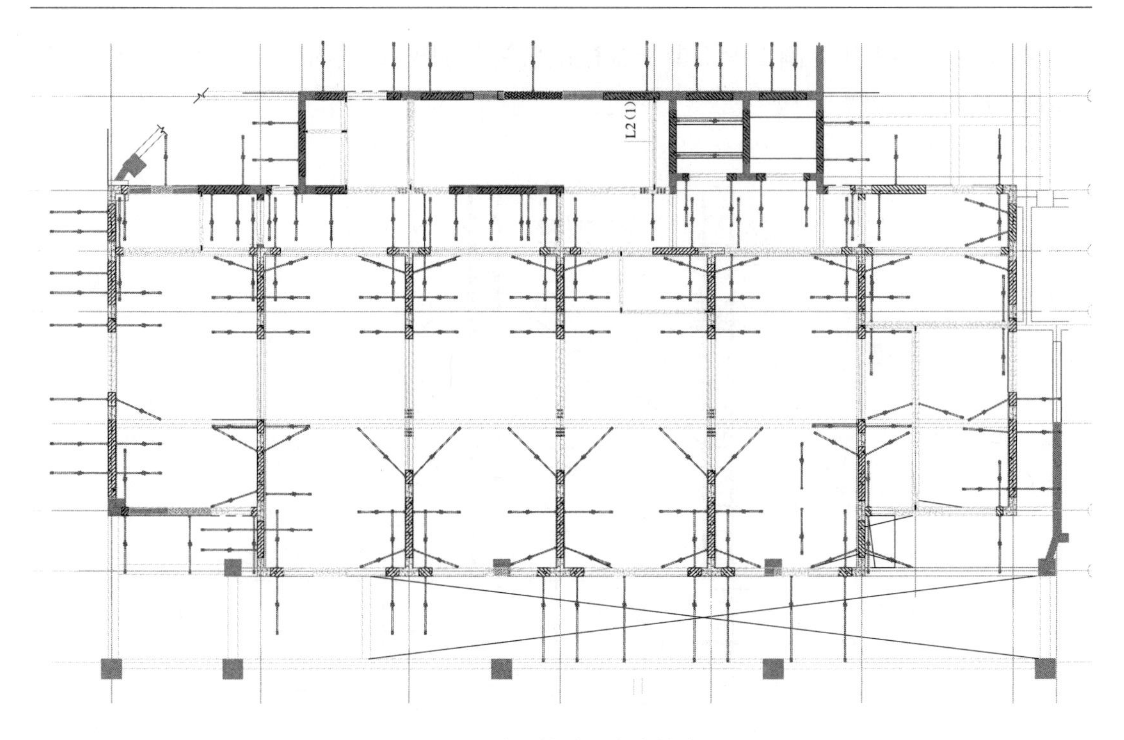

图 7.4-20 首层临时竖向支撑布置图

二层及以上内墙及外墙内侧安装采用临时斜支撑固定，临时斜支撑底部固定在叠合板上的预制块埋件上。预制块埋件与叠合楼板等高，在其上预埋内丝套筒或双环筋，用于斜支撑的安装。墙体安装就位后立即安装墙体临时斜支撑，用螺栓将临时斜支撑安装在预制剪力墙及叠合板埋件的连接件上，每面墙临时斜支撑数量不少于两个。外墙临时支撑安装在墙体的内侧面，内墙临时支撑安装在墙体的两侧，临时支撑与楼板面的夹角宜在45°～60°之间。临时斜支撑安装如图 7.4-21，在外墙内侧，设置快速紧线器用钢丝绳牵引墙顶竖向钢筋环筋，使墙不向外倾倒；在外侧面，上层墙及下层墙体顶侧预埋有内丝埋件，用螺栓将 [14 钢垂直固定，下侧墙固定长度为整层高，上侧墙为层高的 1/2，将上下两块剪力墙固定在一起，既防止外墙向外倾倒，又作为剪力墙限位构件。

利用临时斜支撑调节杆，通过可调节装置对剪力墙顶部的水平位移的调节来控制其垂直度进行调整，并用 2m 靠尺检查墙体垂直度，保证剪力墙的垂直度满足要求。

为了更好地确定和校正剪力墙的位置，操作人员在相邻墙体安装时，可以采用预先加工好的夹具控制相邻墙体在同一平面内，从而最大限度地控制好墙体的安装质量，如图 7.4-22 所示。

图 7.4-21 临时斜支撑安装示意图

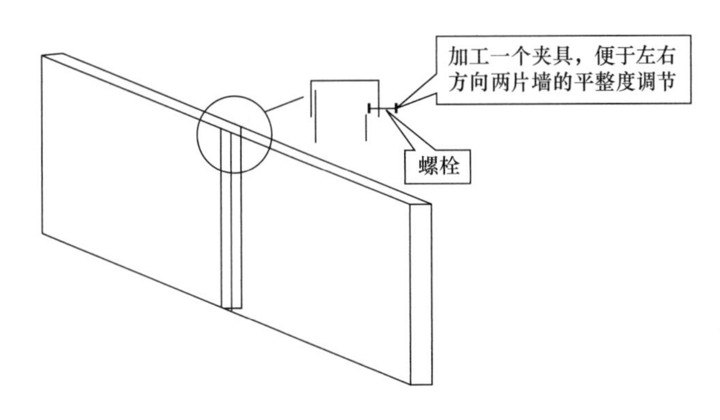

图 7.4-22 相邻墙体连接安装夹具示意图

在两块墙形成“L”、“T”形接头结合墙体找正完成后，在两块成直角夹角剪力墙的上端各用 1 个夹具夹住墙体，再用一个连接件作为斜边，将两块剪力墙锁死，形成三角稳定结构，直角角撑连接示意图 7.4-23 所示。

安装在剪力墙的临时斜撑调节杆、连接件等应在与之相连接的现浇结构达到拆模强度要求后方可拆除。

3. 楼梯安装

根据施工图纸，弹出楼梯安装控制线，对控制线及标高进行复核。在楼梯段上下口梯梁处铺 10mm 厚水泥砂浆坐浆找平，找平层灰饼标高要控制准确。预制楼梯板采用水平吊装，用专用吊环与楼梯板预埋吊装螺杆连接，确认牢固后方可继续缓慢起吊，待楼梯板吊装至作业面上 500mm 处略作停顿，根据楼梯板方向调整，就位时要求缓慢操作，严禁快速猛放，以免造成楼梯板及托梁、支撑架等震折损坏。楼梯板基本就位后，根据控制线，利用撬棍微调，校正，楼梯吊装流程如图 7.4-24 所示。

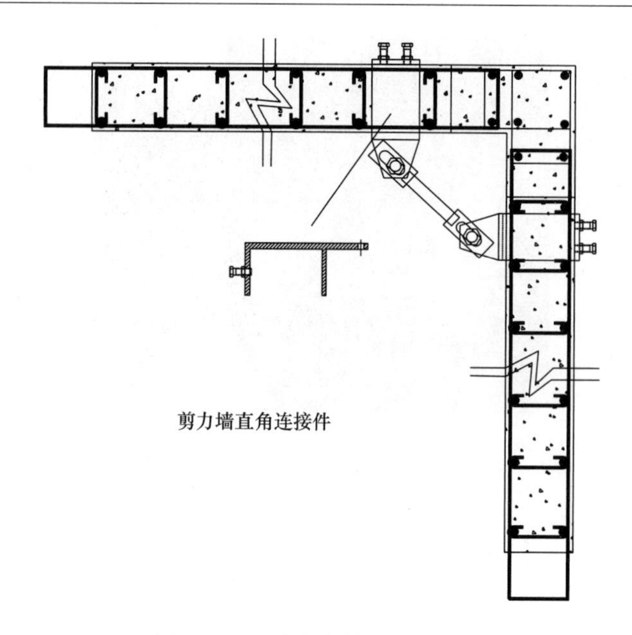

图 7.4-23 直角角撑连接示意图

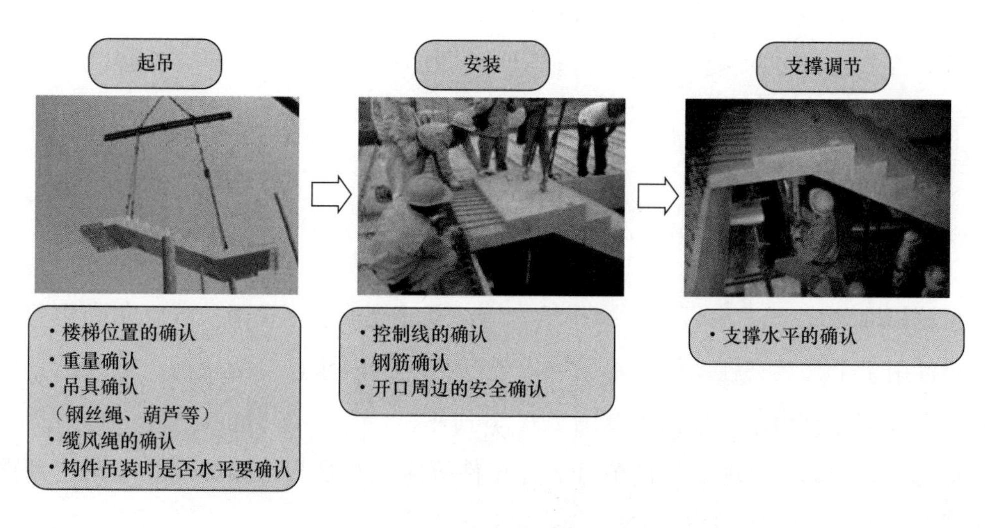

图 7.4-24 楼梯吊装流程图

4. 叠合板吊装

叠合板吊装前，下层叠合板及墙体水平接缝、竖向接缝已施工完成，板底临时支撑搭设完成。根据施工图纸，检查叠合板构件类型，确定安装位置，并对叠合板吊装顺序进行编号。根据施工图纸，弹出叠合板的水平及标高控制线，同时对控制线进行复核。根据水平及标高控制线在与叠合板连接的墙体或梁上边缘安装楼板临时支撑角钢，支撑角钢采用 100×80×6，与墙体（梁）采用螺栓固定，如图 7.4-25 所示。

图 7.4-25 叠合楼板临时支撑角钢

叠合板吊装时设置 6～8 个吊装点，吊装点利用板内预埋吊环或钢筋桁架上腹筋及腰筋焊接点，吊点在顶部合理对称布置，利用四边形型钢自平衡吊装架，使叠合板的起吊钢丝绳均匀受力，防止叠合板吊装时折断。吊装过程中，在作业层上空 300mm 处略作停顿，根据叠合板位置调整叠合板方向进行定位。注意避免叠合板上的预留钢筋与墙体的竖向钢筋碰撞，叠合板停稳慢放，以免吊装放置时冲击力过大导致板面损坏。叠合板放置到临时支撑角钢上并伸到墙体或梁内不小于 10mm。

叠合板就位校正时，采用楔形小木块嵌入调整，不得直接使用撬棍调整，以免板边出现损坏。由于部分叠合板跨度达到 4.3m，叠合板安装时设置 3 道板底支撑，设置在距离两端约 0.8m 及跨中间位置。保证板在安装及叠合层浇筑时不变形，符合规范及设计要求，支撑结构形式与斜支撑相同，上端增设顶托用于方梁的架设，叠合板支撑如图 7.4-26 所示。

图 7.4-26 叠合楼板竖向支撑示意图

5. 内隔墙安装

内隔墙主要包括卫生间及厨房 100mm 厚内隔墙。

内外墙水平及竖向现浇节点施工完成，模板拆除后，安装卫生间及厨房等处内隔墙。安装前应在板上弹出内隔墙边线，根据墙体编号依次安装。

由于内隔墙处在卫生间，地面在叠合板浇筑后，上部有 70mm 厚找平及地砖粘接层，内隔墙墙面需要贴瓷片，所以内隔墙固定可采用 2mm 镀锌钢板压制成的高强 L 形连接件，用射钉枪将 L 形连接片两端用射钉将 100mm 内隔墙与其连接其他内墙连接起来即可。

6. 飘窗及空调板、外装饰构件安装

飘窗构件上下面板采用在预制厂整体预制形式完成，与剪力墙形成侧置 π 形结构，故飘窗吊装与其所处剪力墙同时完成，前面板因妨碍外脚手架的安装，待脚手架拆除或下行时再进行安装，前面板需要设计用角钢与上下板相连接。

飘窗吊装时，下侧板与上侧板之间用可靠支撑或将侧板提前安装用于上下板固定，防止吊装过程中，构件出现损坏，支撑构件待飘窗结构吊装完毕，外脚手架爬升前进行拆除，周转使用。

按照预制剪力墙安装工艺，空调板设置在与楼板相同标高位置，与上下层剪力墙及同层楼板叠合板形成水平十字接头构造，空调板上叠合层需要与楼板叠合层同时浇筑，并将预留锚固钢筋锚固在现浇暗梁内，因此空调板必须在上层剪力墙吊装前就位，现场安装＋2.9m 空调板时采用落地脚手架支撑方式，待＋2.9m 层安装完毕后，再依次向上原位搭设脚手架或安装两个三角架用于空调板支撑，下侧脚手架或三角架在现场浇筑达到拆除模架条件时进行拆除，上层支架依靠下侧空调板自身强度支撑。

外侧立面造型的底板安装方式与空调板的安装方式相同，在底层搭设脚手架支撑上层叠合板构件安装，然后安装外侧 C 型装饰构件，形成对上侧构件底板的支撑，依次向上搭积木式安装底板与装饰构件。装饰构件安装示意图如图 7.4-27 所示。

7. 外剪力墙缝防水

（1）构造防水

进场的外剪力墙，在堆放、吊装过程中，应注意保护其外侧壁保温保护层、立槽、水平缝的防水台等部位，以免损坏。对有缺棱掉角及边缘有裂纹的剪力墙应立即进行修补，修补应采用具有防水及耐久性的粘合剂粘合，修补完后应在其表面涂刷一道弹性防水胶。

预制构件与现浇节点平接合面应做成有凹凸的人工粗糙面，预制梁的凹凸不宜小于 6mm，预制板的凹凸不宜小于 4mm。

在竖向现浇暗柱及外墙暗梁外预制保温及保护层接缝合拢前后，其防水胶棒槽应畅通，竖向接缝封闭前，应先清理防水胶条棒槽，合模时将防水胶棒条安装到位。

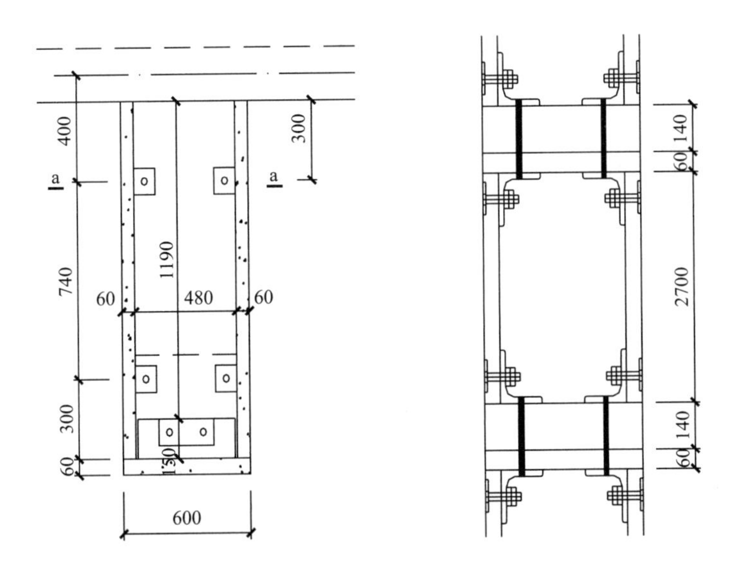

图 7.4-27 装饰构件安装示意图

在结构外浇筑完成，拆除模板背楞后，在预留接缝处用防水胶棒填充外侧，打耐候性防水胶条，防水对拉螺杆穿孔处先做防水材料堵漏，再采用同种材料修补外面。

（2）材料防水

应先对嵌缝材料的性能进行检验，嵌缝材料必须与板材粘接牢固，不应有漏嵌和虚粘现象。外墙模板采用防水对拉螺杆固定，防止对拉螺杆穿过处漏水。

7.4.5 电气配管

由于预制剪力墙的结构及安装流程，剪力墙预制过程从下向上配置立管，水平管在本层顶板上按照回路设计连通的方式进行配管。

1. 材料准备

对于进入现场的绝缘电工套管应按照制造标准进行抽样检测，使导管的管径、壁厚及均匀度符合引用标准规定。进入现场的绝缘电工导管的型号规格应符合设计的要求，并随车携带好物资进场报验所需的产品相关的技术文件。

钢管及配件内外表面应光滑，不应有裂纹、凸棱、毛刺等缺陷。穿入电线时，套管不应损伤电线、电缆表面的绝缘层壁厚应均匀。钢管壁厚均匀，焊缝均匀、无劈裂、砂眼、棱刺和凹扁现象，并有产品合格证，镀锌钢管内外镀层应良好、均匀，无表皮剥落、锈蚀现象。

进入现场的接线盒应随批携带产品合格证，产品检测报告及氧指数鉴定报告。用软塑固定塞来安装的接线盒，其固定塞应用耐老化的软塑料制成，且应与接线盒体开口平面平齐。

2. 暗配管施工工艺

(1) 工艺流程（图 7.4-28）

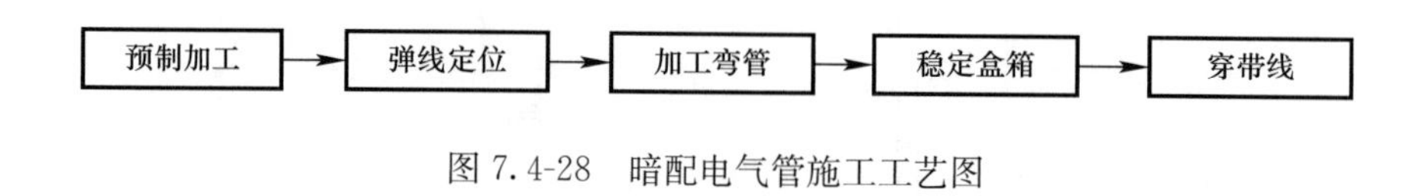

图 7.4-28 暗配电气管施工工艺图

(2) 关键工序技术

绝缘导管的管口应光滑，管与管、管与接线盒（箱）等器件采用插入法连接时，连接处结合面涂专用胶合剂，接口密封牢固。胶合剂不应过期。

暗敷设的硬质绝缘套管在穿出楼板容易受到机械损伤的一段应采取加套管、加保护盒子和密封等措施。当设计无要求时，埋于墙内的绝缘导管采用中型以上的导管。绝缘导管敷设时的环境温度不应低于绝缘导管使用温度要求。绝缘导管暗敷设于墙中时，应采用符合规格的弯曲弹簧弯曲绝缘导管，绝缘导管的弯曲半径不应小于 $10D$。绝缘导管的连接应牢固。

暗敷设于顶板内塑料管进入接线盒应垂直，一管一孔，进入接线盒箱的长度不应超过 5mm；绝缘导管应在接线盒箱两端 300mm 以内、绝缘导管弯曲处、直线段每隔 1m 处将接线盒、绝缘导管进行牢固固定。接线盒口应与楼板、墙体装饰面平齐。敷设于多尘和潮湿场所的管口、管线连接处均应作密封处理。

暗配的电线管路沿最近的路线敷设，并应减少弯曲；埋入墙内的管线，离建筑物、构筑物表面的净距必须不小于 15mm。管径在 25mm 以下时，使用手扳煨管器煨弯，切断管线时可使用钢锯，砂轮锯切断，断口处平齐不可歪斜，管口刮铣光滑，无毛刺。

根据设计施工图，确定盒箱实际的轴线位置，以土建弹出的轴线与水平线为基准，拉线找平，线坠找正，标出盒、箱的具体位置，实际尺寸位置，要了解各室（厅）地面构造，留出余量，使用盒、箱的外盖底边的最终地面距离符合施工规范规定。在现浇剪力墙时，将盒、箱堵好，加支铁绑接在钢筋上，绑接必须牢固，防止移位，管路配好后，在浇灌混凝土之前管口应堵好。

暗配管的路径应沿最近的线路敷设，管路超过下列长度的应加接线盒，其位置应便于穿线，无弯曲时不能大于 30m，有一个弯时不能大于 20m，有两个弯时不能大于 15m，有三个弯时不能大于 8m，管线弯曲半径要大于管外径的 10 倍，弯扁度不得大于管径的十分之一，如图 7.4-29 示。

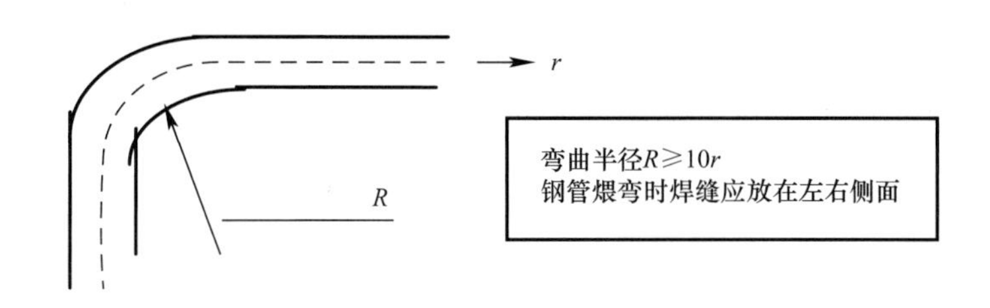

图 7.4-29 电气配管弯曲示意图

管进入灯头盒、开关盒、接线盒及其他电箱时，暗配管应焊接牢固，管口露出管应小于 5mm，用锁母线连接，锁紧螺母，两根以上管的入盒箱长度要一致，间距均匀，排列整齐。管道敷设时不应紧贴内模板，其保护层不应小于 15mm。

3. 电气暗配管成品保护

暗敷设在建筑物内的管路、灯位盒、接线盒、开关盒或木套，应在土建过程中预埋，不能留槽剔槽、剔洞，敷设在建筑物内的管路不能破坏其结构强度。埋在结构中的盒、箱，在拆模后应用铁盖板保护，以免土建施工污染。

配好电管后，凡向上的立管和现浇的管、盒，应加强成品保护，在浇灌混凝土时，安排专人看护，不能使管、盒移位。结构中伸入后砌墙的电管不能过长，注意保护，以免损坏。

4. 电气暗敷设注意的质量问题

锯管管口出现马蹄口时，锯管时人要站直，持锯的手背和身体成 90°角，和管线垂直，手腕不能颤动。套丝乱丝，检查板牙有无掉牙，套丝时要边套边加润滑油。

管线弯曲半径小，出现弯扁、凹穴、裂缝现象。用手动弯管器时，要正确放置好管焊缝位置，弯曲时逐渐向后移动弯管器，不能操之过急。管线入盒时，不进行固定，不带护线帽。管与器具连接时，必须用锁紧固螺母固定，焊接连接时应用塑料内护口。暗配在内的管线，拆模时应外露。暗配在内的管线应将管线敷设在底筋上面，使管路与表面距离不小于 15mm。

7.4.6 外墙注浆

14 号楼外墙混凝土水平后浇缝。采用机械高压预埋导管注浆。本次注浆材料选用 P·O42.5 普通硅酸盐水泥净浆。

1. 主要工艺

塑料管开孔：塑料管采用 ϕ25mmPVC 管，在管上开 ϕ8mm@200mm 的孔。

埋管：沿外墙一周布置管线，在后浇竖向缝处断开。水平管位置应布置在外墙底上侧紧挨保温板处，管线开孔一侧向上，避免混凝土浇筑时堵塞。注浆立管每开间或每隔 3m 布置一处，房间开间处的立管应布置在开间中间部位。水平管与立管采用三通接头连接。注浆管应通过扎丝绑扎在钢筋上，避免混凝土浇筑时扰动其位置。

配料：采用P·O42.5普通硅酸盐水泥拌合浆料，严格按照使用说明加水，用水质量应符合国家现行标准《混凝土用水标准》JGJ 63—2006的有关规定。

注浆：待水平缝混凝土浇筑完毕，混凝土强度达到设计值70%以上时方可注浆。注浆时，首先将注浆头塞入注浆立管中，确保连接牢固、不溢浆，然后开始加压注浆，直至浆液从观察孔溢出或翻浆，停止注浆。

立管切除：待注浆体初凝后，在墙根部切除立管。

2. 工艺流程

开孔⟶埋管⟶注浆⟶检查⟶移至新孔位

3. 质量控制

埋管：严格按照方案进行埋管，使水平管紧贴外墙保温板，开孔一侧向上。

配料：采用准确的计量工具，严格按照设计配方配料施工。

注浆：注浆一定要按程序施工，每段进浆要准确，注浆压力一定要严格控制在0.5～2MPa，专人操作。当压力突然上升或从孔壁溢浆，应立即停止注浆，每段注浆量应严格按设计进行，跑浆时应采取措施确保注浆量满足设计要求。注浆完成后，应采用措施保证注浆时不溢浆、不跑浆。每道工序均要安排专人，并做好操作记录。

7.4.7 装配式混凝土结构体系质量控制点

针对施工过程中所遇到的难点、重点，结合《装配式混凝土结构技术规程》和《混凝土结构工程施工质量验收规范》制定了环筋扣合装配式结构体系施工质量主控点以及质量控制要求。

内隔墙：内隔墙吊装在叠合板混凝土浇筑完成且强度达到可上人后进行，由劳务管理员根据设计图纸放设隔墙位置线，项目部质检人员进行检查验收，轴线位置偏差控制在±3mm，拐角处偏差控制在0mm，严禁出现错台现象，墙体垂直度为±3mm，每层抽查20%。根据线盒布置情况，确保墙体内外侧正确，保证一次吊装就位成功。标高应根据当层楼板混凝土浇筑情况，及时采取相应措施进行调整，保证下一层楼面整体标高满足设计要求。

叠合板：现场施工发现部分叠合板预埋线孔无法与内隔墙上口预埋线管准确对应，为了不耽误水电线管铺设，项目管理人员应根据内隔墙上口的线管位置在相应叠合板上做标识，安排工人用水钻（D=100mm）提前开洞。叠合板安装前，全数检查支撑架体的稳固性，抽查顶撑与木方的标高，偏差控制在±3mm，叠合板位置控制线偏差在±3mm。叠合板落位时，检查确认叠合板的方向，以保证线盒位置的准确。如叠合板底部筋与柱筋打架，须起吊调整后重新下落，不得破坏柱筋和叠合板底部钢筋。叠合板安装就位后，检查支撑木方是否与叠合板完全接触，如需调整，必须保证整体房间的顶棚平整度偏差在±5mm。

剪力墙：项目管理人员负责放出每层主要轴线，并由专人采用换序投点、拉通尺、对角线等方式进行轴线位置复核。水电管线的铺设，板面负筋的安装、水平梁筋的穿插与墙体落位冲突部分的作业须提前进行，不得影响剪力墙的吊装就位。在剪力墙吊装就位前，全数复查墙体控制线、水平撑筋标高（偏差控制在±2mm）以及稳固性。剪力墙落位时，要求劳务作业工人严格按照控制线、边线安装（±3mm）。剪力墙就位后，须严格控制墙体的垂直度（±3mm），以及同房间与相邻墙体的整体平整度（±3mm）。外墙构件的连接处必须粘接胶条，以减少外墙渗漏隐患。不等厚外墙吊装时项目部管理员旁站监督，出现偏差及时纠正。

外造型构件：外造型构件吊装应注意上下口位置，C 型构件 3 面带 U 形筋的为上口，2 面带 U 形筋的为下口。落位后用 2m 靠尺检查构件垂直度（偏差控制在±3mm）。经多层外墙及造型垂直度及错台检查统计发现，外造型垂直度偏差普遍高于外墙，且造型边与外窗口、上下层造型位置已发生错台。外造型构件安装后的临时固定，采用钢筋将 U 形筋和外墙钢筋焊接。

钢筋安装：叠合板安装就位后，检查底部钢筋伸入水平支座的锚固长度，如果长度不足，加焊在相邻叠合板的底部钢筋上。叠合板安装就位后，检查隔墙固定钢筋的植入（每面墙上不小于 2 根长 20cm 的 $\phi12$ 钢筋）。水钻开洞破坏叠合板钢筋底部筋处须沿截断方向附加两根 $\phi10$，长 80cm 的钢筋。造型水平板上下层钢筋必须加设垫块，垫块厚度要求为 7cm。梁筋须焊接锚板及 L 形锚固钢筋的部位全数检查，确保满足梁柱节点设计要求。后穿梁筋上下层钢筋必须分开绑扎于设计位置，并用 3 道扎丝固定。柱筋位置严格按图纸控制，偏位钢筋须及时纠正。柱筋套筒接头严格按规范进行检查，确保满足规范要求。柱筋扎丝头必须内扣，防止拆除后扎丝头外露于混凝土保护层。

混凝土浇筑：到场混凝土如有离析、稠度过大等现象需及时通知项目管理人员协调处理，浇筑过程中严禁私自加水。水平缝及柱喇叭口位置必须充分振捣，保证浇筑密实，管理人员要旁站监督。板面混凝土浇筑后必须及时收面，严格控制标高，并做好表面覆盖。叠合板凿毛须提前进行，凿毛后及时清理水平缝残渣。柱节点混凝土浇筑过程中分层浇筑，且先下振动棒后放料，做到快插慢拔，以减少柱表面麻面现象。浇筑过程中流坠、落地灰做到及时清理，最好回收利用。板面浇筑后及时洒水养护 7d，柱子节点浇筑后刷养护剂。

模板的安装与加固：现浇柱钢模板进行编号标记，做到专模专用，安装模板前在钢模内侧均匀涂抹隔离剂。钢模安装前在柱子内放相应的内撑。钢模安装后，须校正垂直度，尤其是大角处，须上下对照。柱子强度达到75%后才可拆模。

7.5 工程效果

（1）装配式环筋扣合锚接混凝土剪力墙结构体系作为预制装配式体系的一种，具有以下几方面的优势：

1）现场用工少、对工人专业技能要求低：预制环形钢筋混凝土内外墙、后置隔墙、楼梯、叠合板、外造型等构件均为工厂化预制，预制化率达到75%。现场施工吊装简单，可以有效减少现场施工用工数；同时构件吊装、临时固定简便，各种构件就位方法简单，易于掌握；竖向现浇节点采用定型钢模板，装拆方便；叠合楼板支撑架可以灵活选用、搭设量小、支拆方便，因此对于工人的专业技能要求低。经过培训和实践易于上手，可以快速地培养装配式施工工人。另一方面，环筋扣合装配式结构体系水平与竖向连接部位结构形式统一，质量控制点较少，易于质量管理。

2）现场材料用量少，循环利用率高：现场结构材料用量大幅度减少，混凝土现场浇筑量约占总混凝土量的20%；现场用钢筋均在预制构件厂加工下料，钢筋现场使用量和安装作业量均大幅度减少，使用量约占钢筋总量的25%；现场线管铺设作业量约占全部线管作业的56%。现场模板支撑材料用量减少，由于叠合板自身可以作为模板使用，因此大大地降低了模板使用量，可减少脚手架和模板50%，且辅材循环利用率也得到了大大提高。

3）节能环保：构件实现了工厂预制，主体结构与二次结构一次装配完成，无需二次砌筑和抹灰，现场湿作业减少85%，建筑垃圾减少80%，能够较好的适应绿色施工、节能、节水等环保的要求。

4）有效缩短建设总工期：装配式环筋扣合锚接混凝土结构体系主体与二次结构一次施工完成，构件墙面平整度较好，且表面光滑，无需墙面抹灰；外墙结构与保温采用一体化预制，一次吊装完成，经合理优化装饰装修工程，可有效缩短总工期，提高建设速度。

5）适用性强：装配式环筋扣合锚接混凝土结构体系构件拼装灵活，可满足不同户型、不同功能建筑的需求，适用于建筑平面规则和立面造型简单的多层与高层住宅。

6）机械使用率高：无论是预制构件的到场卸车还是吊装就位，都依赖于垂直运输机械，因此可以充分利用塔吊，减少现场租赁机械设备的闲置率。另一方面，因现浇部位较少，现场混凝土用量大大减少，故省去了混凝土泵送机械的使用。

综上，中建观湖国际14号楼工程的装配率达到75%以上，减少施工措施50%，节约施工总工期 1/3，节能环保。从施工过程来看，工程质量达到了设计及施工规范要求，通过了质检部门的检测评定；进度和质量得到了建设单位和监理单位的高度评价，取得了良好的经济效益和社会效益。施工过程的照片如图 7.5-1～图 7.5-10 所示。

图 7.5-1　第一层装配效果图

图 7.5-2　墙支撑图

图 7.5-3　墙临时固定

图 7.5-4　未浇筑混凝土时的节点图

图 7.5-5　墙吊装

图 7.5-6　叠合板的预制层

图 7.5-7 安装过程

图 7.5-8 支设模板的墙

图 7.5-9 叠合板的预制层吊装

图 7.5-10 墙的支撑设置

（2）装配式环形钢筋混凝土结构体系虽然具有用工少、现场材料用量少、节能环保、有效缩短总工期、适用性强、机械使用率高等多方面的优势，但在项目实践过程中，也暴露出一些结构体系自身所存在的不足和需要优化完善的地方。主要有以下几个方面：

1）装配式环形钢筋锚接混凝土剪力墙结构体系自身不足：该体系预制墙体上下接缝部位都有环筋，虽然构件设计时上下环筋位置错开，但进场构件由于制作不精确导致构件安装就位时上下层环筋位置冲突，产生不可避免性偏差。在上下层墙体环筋闭合区域内，由于空间狭小，水平缝纵向钢筋安装、就位困难，且该区域内有大量预埋线管，与纵向钢筋位置冲突，进一步增加施工难度；外墙水平缝处空间狭小，混凝土难以浇筑密实，即使进行二次注浆也无法完全保证其密实度，尤其是在叠合板临墙预留洞口位置更加难以保证浇筑密实。另一方面该结构体系施工工序为先吊装叠合板，期间板筋、水平缝钢筋、水电线管穿插作业，然后吊装内墙，最后吊装外墙，内外墙吊装固定完成后浇筑叠合板混凝土，内墙和外墙吊装作业过程极易对已绑扎完好的楼板钢筋、铺设完好水电线管造成破坏，给成品保护带来较大困难，增加了钢筋的返工率和水电线管的破损率。

2）构件制作与安装精度要求高：装配式环形钢筋锚接混凝土剪力墙结构外保温与结构墙体一体化预制，外造型构件也采用工厂化预制，且内墙施工完成后不再进行二次抹灰作业，这些方面都对预制构件制作及安装精度提出了更高的要求。一方面如若构件几何尺寸、平整度、垂直度、外窗洞口尺寸等产生较大偏差，则会导致现场无法实现构件的精准安装，给后期的装饰工程、防水等作业带来隐患；另一方面如若现场构件吊装就位时精度较低，同样会产生以上问题。

3）墙体临时支撑体系制约：装配式环形钢筋锚接混凝土剪力墙结构的叠合板吊装

完成后安装内外墙体，之后浇筑板混凝土。在浇筑叠合板混凝土前内外墙体的固定需要大量的临时支撑，给墙体吊装、楼板混凝土浇筑及收面带来一定困难，降低工人作业效率，增加了混凝土浇筑时间。

4）机械依赖程度大：现场未配置钢筋加工机械，所有结构用钢筋均由工厂加工下料，然后随构件车运至施工现场，运输过程受道路、天气等不可控因素影响无法完全保证钢筋按计划准时到达，影响现场钢筋作业，制约工程进度。另一方面，由于构件进场卸车、吊装就位、钢模板的装拆、混凝土的浇筑都要依赖于塔吊，因此对垂直运输机械提出了更高的要求，甚至需要安装多台塔吊才能满足施工作业的要求。这样就会产生狭小的作业面多台塔吊同时作业的情形，对施工的安全管理，机械指挥与操作提出了更高层次的要求。

5）受环境制约因素较多：预制构件及现场用钢筋均在工厂加工完成后运至现场，运输过程受交通情况及天气等不可控因素影响可能会发生无法及时运至现场的情形，将会严重影响现场施工进度；且装卸车与运输过程中都可能发生材料缺失、构件破损等情况，同样给现场施工带来影响。装配式环筋扣合锚接混凝土剪力墙结构的构件自重大、吊装作业多，雨、雪、大风、雾等天气情况下无法进行吊装作业，受天气情况制约较大。而且需要一个较大场地用以堆放大量的预制构件以满足施工持续作业要求。

6）构件间竖向缝隙存在渗漏隐患：装配式结构体系中外造型与墙体之间、内墙与卫生间隔墙等连接部位存在缝隙，如若处理不当易造成渗漏隐患。另一方面外墙水平缝处混凝土浇筑难以振捣密实，极容易产生缝隙留下渗漏隐患。

7）对管理人员专业素养要求高：装配式环形钢筋锚接混凝土剪力墙结构虽然降低了对工人专业技能的要求，但相应地提高了对管理人员技术水平与专业素养的要求，管理人员需要加强施工过程管理和质量把控，提高工人的质量意识，以确保构件一次性安装完成，减少返工与后期修补。构件的进场计划及现场需求需现场管理人员和构件厂运输管理人员做好沟通与协调，并制定较为完善的意外防范措施，以确保现场的构件吊装需求。

8 结论和展望

8.1 结论

通过上述研究和分析，可以看出由中国建筑第七工程局有限公司自主研发的装配式环筋扣合锚接混凝土剪力墙结构体系技术可靠，拟采用的生产线技术成熟，并取得了多项科技创新。

（1）科技创新1：研究形成了装配式环筋扣合锚接混凝土剪力墙结构体系，解决了装配式构件连接技术难题。

研发了装配式环筋扣合锚接混凝土剪力墙结构体系。该体系包括预制环形钢筋混凝土外墙、预制环形钢筋混凝土内墙、叠合楼板、预制楼梯等构件；各构件相应位置预留环状钢筋，安装时钢筋扣合后贯穿钢筋浇筑混凝土形成暗梁或暗柱进行连接，形成整体结构。如墙四周分别预留环状钢筋，同层相邻的预制剪力墙形成暗柱进行锚接，预制叠合楼板与上下剪力墙重叠形成暗梁进行锚接，上下相邻的预制剪力墙形成暗梁进行锚接。环筋扣合锚接混凝土剪力墙结构解决了传统连接方式价格高、对精度要求高等问题，具有施工工期短、施工可操作性强等优点，可有效推动建筑结构向装配化发展。

（2）科技创新2：针对装配式混凝土结构整体性和抗震性能问题，进行了系列静力、动力试验，分析总结了该类结构的破坏过程和破坏模式，验证了其抗震性能和耗能性能良好，连接可靠。

1）通过装配式环筋扣合锚接节点钢筋锚固性能试验，考虑了横向插筋直径、环筋位置、环筋扣合长度等影响因素，观测到了节点破坏模式；确定了环筋扣合的最佳高度为120mm，节约了钢筋用量。

2）通过装配式环筋扣合锚接剪力墙平面外抗折试验，总结了剪力墙弯折破坏过程：初始裂缝、裂缝发展、峰值承载力、试件背部混凝土表皮脱落、承载力下降。

3）通过装配式环筋扣合锚接混凝土剪力墙拟静力试验，分析了滞回曲线、骨架曲线、延性系数、极限位移角等抗震性能参数；验证了装配式环筋扣合锚接混凝土剪力墙结构性能等同于现浇结构。

4）进行了国内规模最大的3种地震动作用（35gal、70gal、220gal）下装配式环筋扣合锚接剪力墙足尺子结构拟静力、拟动力试验。验证了地震作用下装配式环筋扣合锚接混凝土剪力墙结构耗能性能和抗震性能良好，连接可靠。

（3）科技创新3：研究形成了装配式混凝土结构设计、构件制作、现场安装等成套建造技术，并进行了工程应用，取得了明显的经济、社会和环境效益。

1）在构件制作方面，研发了一套完整的包括安装钢筋、安装连接件、安装挤塑板、混凝土第一次浇筑、安装边模、养护、脱模、运输等预制构件生产线。

2）在现场安装方面，研究形成了施工关键流程、预制构件吊装、基于圆锥形定位顶针的临时定位装置、临时固定连接措施、误差控制、现浇连接节点支模等施工技术。

8.2 展望

建筑产业现代化是解决一直以来房屋建设过程中存在的质量、性能、安全、效益、节能、环保、低碳等一系列重大问题的有效途径，是解决一直以来房屋建设过程中建筑设计、部品生产、施工建造、维护管理之间的相互脱节、生产方式落后问题的有效途径，也是解决当前建筑业劳动力成本提高，劳动力和技术工人短缺以及改善农民工生产方式的有效途径。中央部委及各地政府对建筑产业现代化发展都给予了高度重视。从2014年起，住房和城乡建设部质量司开始编制《建筑产业现代化发展纲要》（以下简称“发展纲要”），已经完成征求意见的《发展纲要》对于装配式建筑的占比做出了明确的规定：“到2020年装配式建筑占新建建筑的比例20%以上；到2025年装配式建筑占新建建筑的比例50%以上。”2016年，《中共中央国务院关于进一步加强城市规划建设管理工作的若干意见》指出：力争用10年左右时间，使装配式建筑占新建建筑的比例达到30%。多地政府也在2015年加强了对于建筑产业化的专项指导，上海、北京、深圳、福建、江苏、山东等省、市相继发布了建筑产业化专门指导文件，可以说，建筑产业化的发展已经成为全国各地政府关注的重点。

但是，基于我国国情及技术条件的限制，工业化建筑尚处于初级发展阶段，开展工程实践的企业以及建成符合评价条件的工程项目还非常有限，国外也没有更多经验可供借鉴，我国实现建筑产业现代化仍需很长的道路要走。研究装配式结构建筑的设计、安装及施工技术是实现建筑产业现代化的重要突破点，中国建筑第七工程局有限公司将会继续遵循国家政策和市场导向，进一步完善装配式住宅结构体系，加大研发装配式结构建筑的建造技术，推进住宅工业化乃至建筑产业现代化的发展。

（1）积极编制工程建设行业标准

产业化的一个重要内容就是标准化，只有标准化程度高，产业化生产效率才能高。因此中国建筑第七工程局有限公司申请制订工程建设行业标准《装配式环筋扣合锚接混凝土剪力墙结构技术规程》，该项标准的制订可为装配式建筑的设计、施工及验收，提供指导和依据。

（2）开展多层次多方面的合作研发

将科技进步和科技创新作为企业持续发展的重要支撑，把推进整个中国工程建设行业的技术进步作为企业的重要责任。继续坚持“科技兴企、创新驱动”的发展战略，尤其重视“产、学、研、用”相结合的科技基础平台建设。进一步加大与科研机构和高等院校的合作，共建国家级或省级重点实验室、博士后工作站及研究生培养基地。

（3）发挥住宅产业化基地的示范作用

2014年以来，中国建筑第七工程局有限公司积极开展政企合作，分别与新密市政府、福建省闽清县人民政府及合肥市政府签订框架协议，进行住宅产业化基地的建设，2015年12月住房和城乡建设部同意中国建筑第七工程局有限公司成为国家住宅产业化基地。未来几年，应在总结经验的基础上，进一步拓展住宅产业化基地的建设，确保国家住宅产业化基地的实施力度，为加快推荐住宅产业化，引导住宅建设方式转变发挥示范作用。

（4）推进样板示范工程的建设

加大科技成果转化为生产力的力度，推动建筑业新技术在工程上的广泛应用，发挥示范工程的“示范”效应，推动装配式环筋扣合锚接混凝土剪力墙结构体系的快速推广应用。

（5）研究装配式建筑精细化设计

装配式建筑精细化设计是装配式建筑实现工业化的必备条件，包括预制构件精细化设计、建筑空间精细化设计、安装施工精细化设计及装饰装修精细化设计等多方面的内容，只有做到装配式建筑的精细化设计，才能保证结构、构件以及细部构造的精度，实现装配式结构建筑的快速建造。因此除了满足建筑布局、结构安全等基本要求外，应积极进行装配式建筑精细化设计的研究。

（6）实现装配式建筑自动化施工技术

减少劳动力，提高施工效率是开展装配式建筑研究的本质目的，装配式建筑自动化施工技术实施这一目的的主要途径，中国建筑第七工程局有限公司将进一步致力于自动化施工设备及相关技术的研究。

（7）实现管理模式创新

管理创新的目标就是创新发展模式，应优化整合整个产业链上的资源，实现设计、开发、制造、施工、装修一体化建造模式。

参 考 文 献

［1］ 刘东卫，薛磊．建国六十年我国住宅工业化与技术发展［J］．住宅产业，2009（10）：10-14

［2］ 朱吕康．住宅建筑设计原理［M］．北京：中国建筑工业出版社，1999

［3］ 刘群星．工业化住宅主要技术体系研究［J］．住宅科技，2011（2）：39-43

［4］ 闫维明，王文明，陈适才，等．装配式预制混凝土梁-柱-叠合板边节点抗震性能试验研究［J］．土木工程学报，2010（12）：56-6

［5］ 范力，吕西林，赵斌．预制混凝土框架结构抗震性能研究综述［J］．结构工程师，2007（4）：90-97

［6］ 宋明霞．钢结构住宅为何推不动［J］．中国经济周刊，2012（16）：20

［7］ 钱稼茹，彭媛媛，张景明，等．竖向钢筋套筒浆锚连接的预制剪力墙抗震性能试验［J］．建筑结构，2011，41（2）：1-6

［8］ 姜洪斌，张海顺，刘文清，等．预制混凝土结构插入式预留孔灌浆钢筋锚固性能［J］．哈尔滨工业大学学报，2011，43（4）：28-31

［9］ SOUDKI K A，RIZKALLA S H，LEBLANC B. Horizontal connections for precast concrete shear walls subjected to cyclic deformations：part 1：mild steel connections［J］. PCI Journal，1995，40（4）：78-96

［10］ SOUDKI K A，RIZKALLA S H，DAIKIW R W. Horizontal connections for precast concrete shear walls subjected to cyclic deformations：part 2：prestressed connections［J］. PCI Journal，1995，40（5）：82-96.

［11］ SOUDKI K A，WEST J S，RIZKALLA S H，et al. Horizontal connections for precast concrete shear wall panels under cyclic shear loading［J］. PCI Journal，1996，41（3）：64-81.

［12］ 陈再现，姜洪斌，张家齐，等．预制混凝土剪力墙结构拟动力子结构试验研究［J］．建筑结构学报，2011，32（6）：41-50

［13］ 张家齐．预制混凝土剪力墙足尺子结构抗震性能试验研究［D］．哈尔滨：哈尔滨工业大学，2010：41-42

［14］ 焦安亮，张鹏，李永辉，支旭东．环筋扣合锚接连接预制剪力墙抗震性能试验研究［J］．建筑结构学报，2015，36（5）：103-109

［15］ 蒋勤俭．国内外装配式混凝土建筑发展综述［J］．建筑技术，2010，41（12）

［16］ 范力．装配式预制混凝土框架结构抗震性能研究［D］．同济大学，2007

［17］ 朱张峰，郭正兴. 装配式混凝土剪力墙结构空间模型抗震性能试验［D］. 东南大学.
［18］ 过镇海，时旭东. 钢筋混凝土原理和分析［M］. 北京：清华大学出版社，2003，146
［19］ 张微敬，钱稼茹，陈康，等. 竖向分布钢筋单排连接的预制剪力墙抗震性能试验［J］. 建筑结构，2011，41（2）：12-16
［20］ 钢筋机械连接技术规程 JGJ 107—2016［S］. 中国建筑工业出版社，2016
［21］ 建筑结构荷载规范 GB 50009—2012［S］. 中国建筑工业出版社，2012
［23］ 混凝土结构设计规范 GB 50010—2010（2015 年版）［S］. 中国建筑工业出版社，2015
［24］ 建筑抗震设计规范 GB 50011—2010［S］. 中国建筑工业出版社，2010
［25］ 装配式混凝土结构技术规程 JGJ 1—2014［S］. 中国建筑工业出版社，2014
［26］ 高层建筑混凝土结构技术规程 JGJ 3—2010［S］. 中国建筑工业出版社，2010
［27］ 建筑抗震试验规程 JGJ/T 101—2015［S］. 中国建筑工业出版社，2015
［28］ 混凝土结构工程施工质量验收规范 GB 50204［S］. 中国建筑工业出版社，2015
［29］ 建筑装饰装修工程质量验收规范 GB 50210［S］. 中国建筑工业出版社，2011
［30］ 混凝土结构工程施工规范 GB 50666［S］. 中国建筑工业出版社，2011
［31］ 建筑工程冬期施工规程 JGJ/T 104［S］. 中国建筑工业出版社，2011

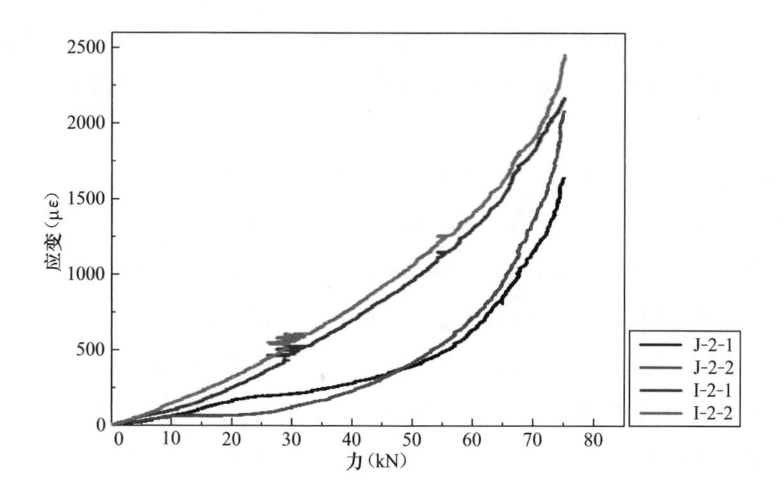

图 3.3-5　基准组与第Ⅰ组 1、2 号位置荷载—应变曲线对比

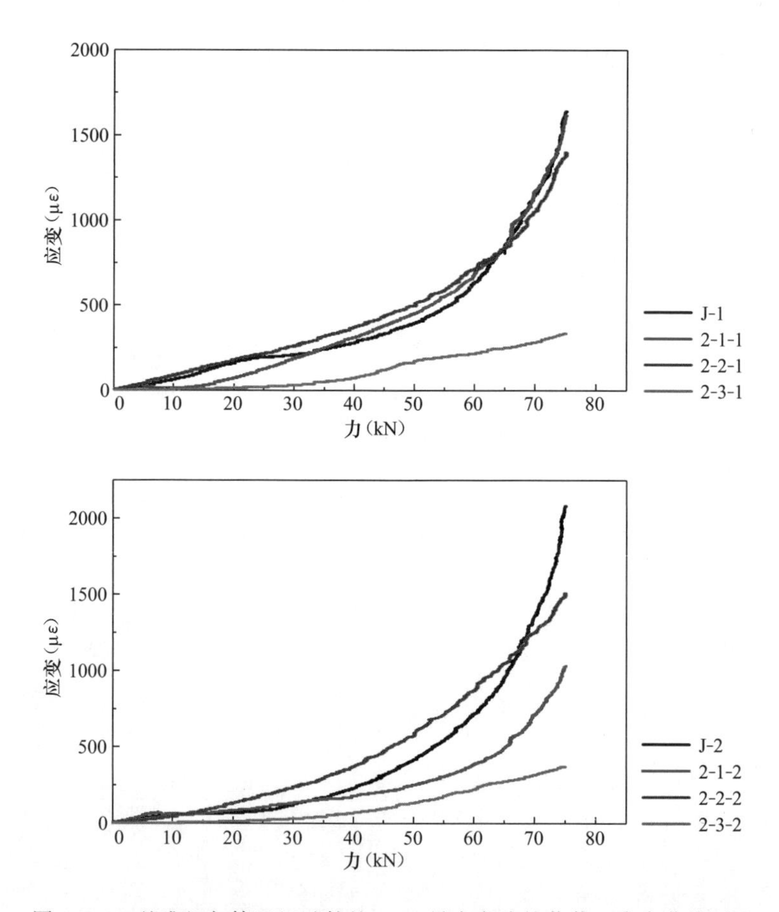

图 3.3-6　基准组与第Ⅱ组试件的 1、2 号应变片的荷载—应变曲线对比

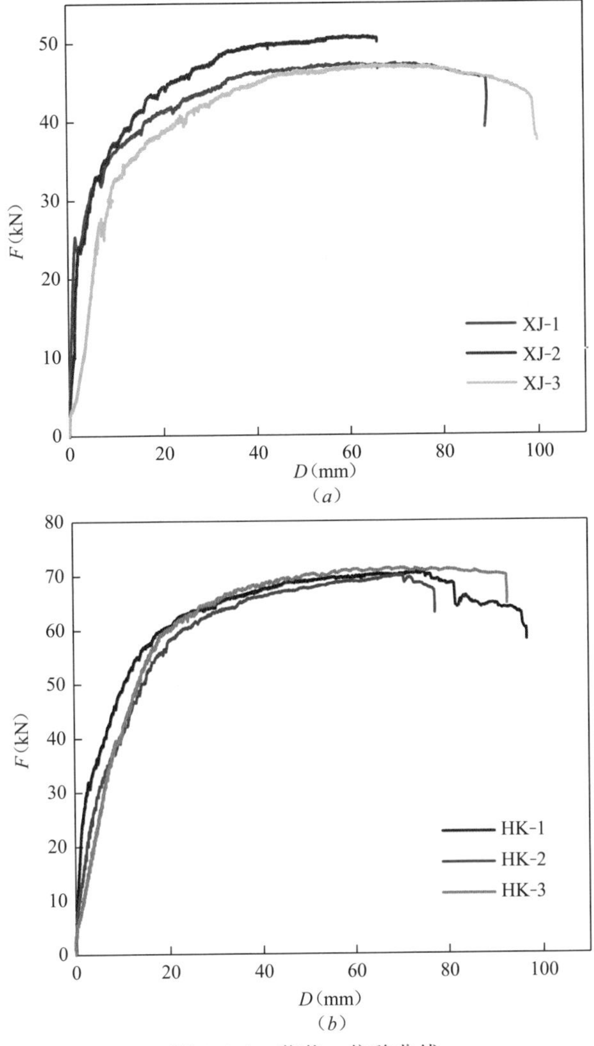

图 4.4-1　荷载—位移曲线

(a) 现浇试件荷载—位移曲线；(b) 环筋扣合试件荷载—位移曲线

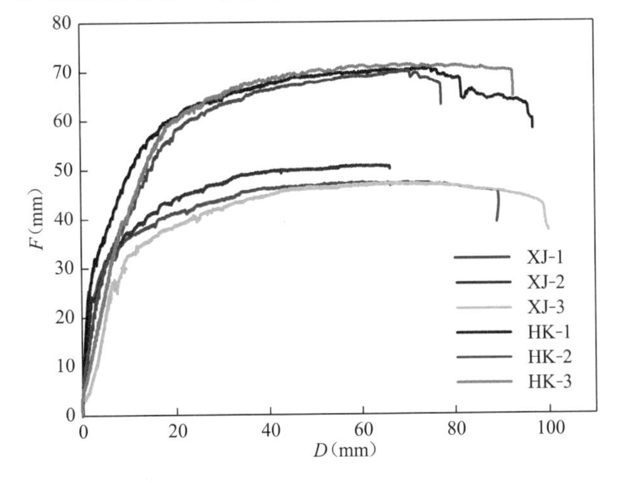

图 4.4-2　两种试件荷载—位移曲线对比

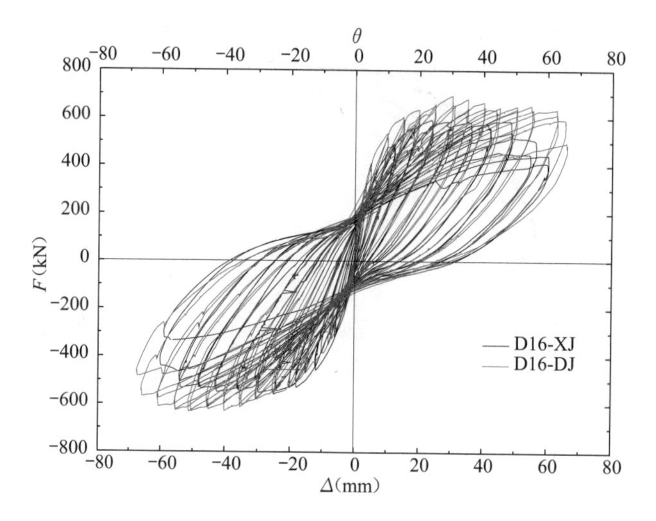

图 5.4-2　D16-XJ 与 D16-DJ 对比

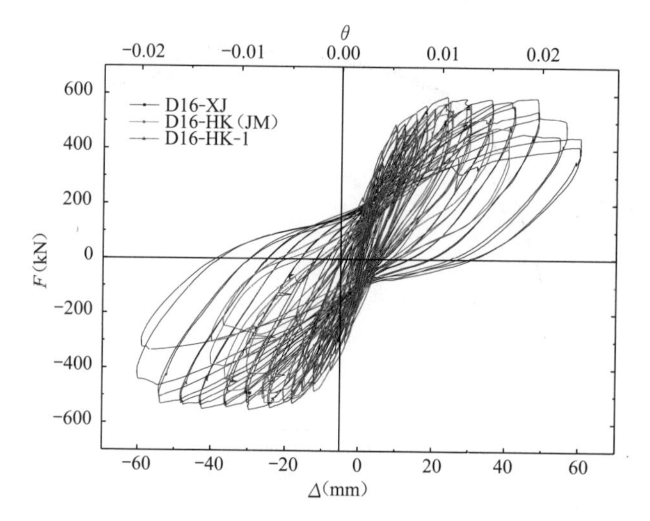

图 5.4-3　第Ⅰ组试件滞回曲线对比

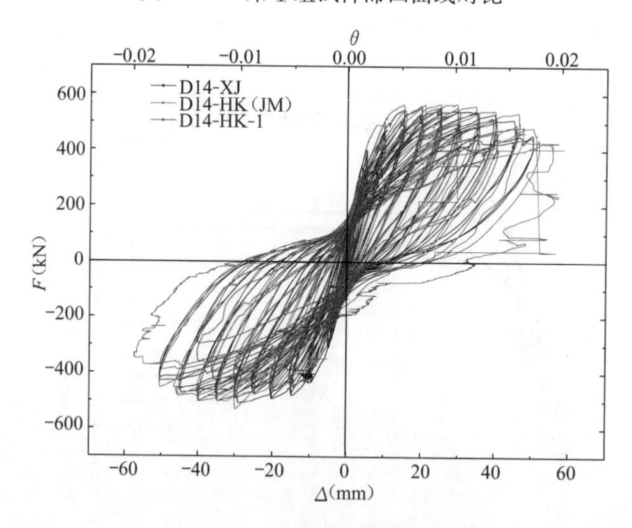

图 5.4-4　第Ⅱ组试件滞回曲线对比

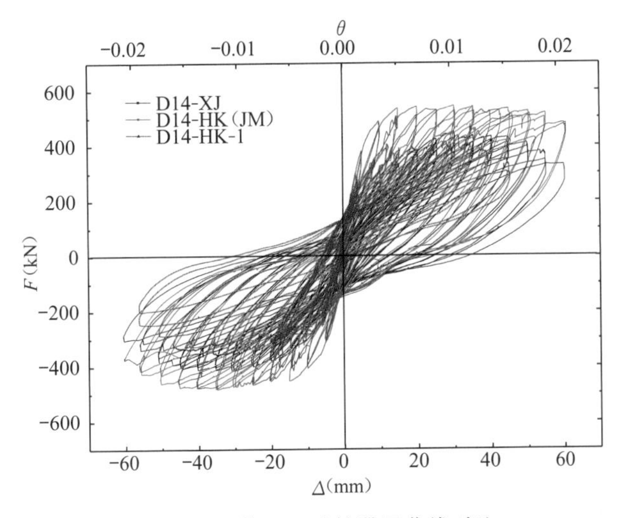

图 5.4-5　第Ⅲ组试件滞回曲线对比

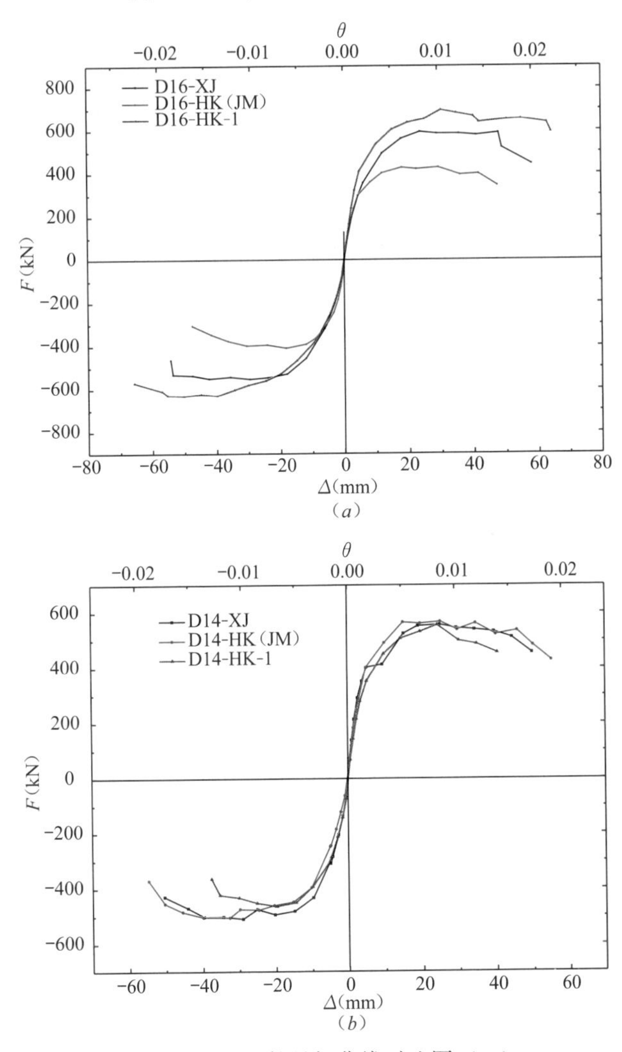

图 5.4-6　试件骨架曲线对比图（一）

(*a*) 第Ⅰ组试件骨架曲线对比；(*b*) 第Ⅱ组试件骨架曲线对比

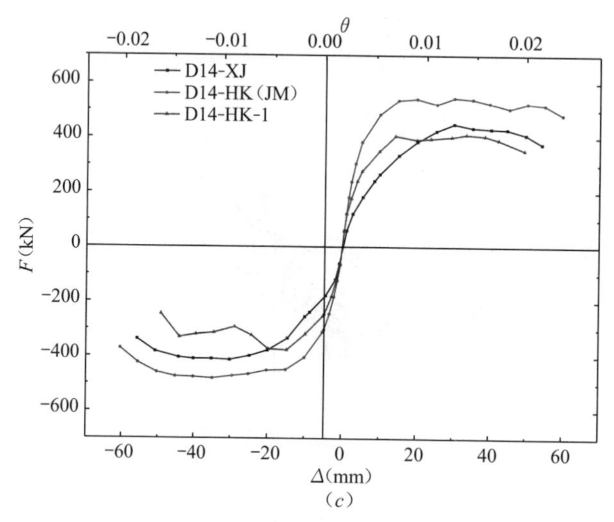

（c）

图 5.4-6　试件骨架曲线对比图（二）
（c）第Ⅲ组试件骨架曲线对比

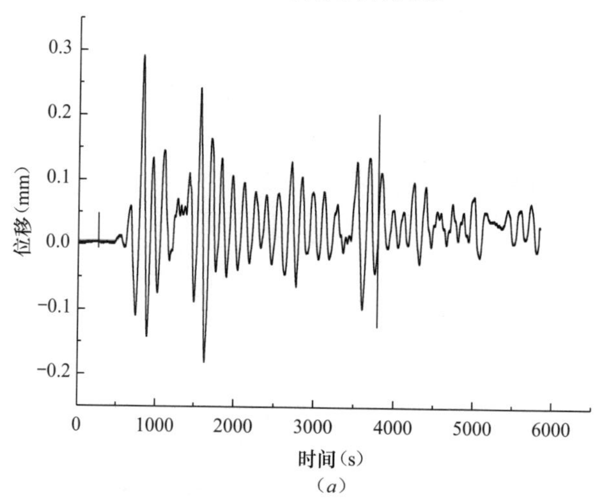

（a）

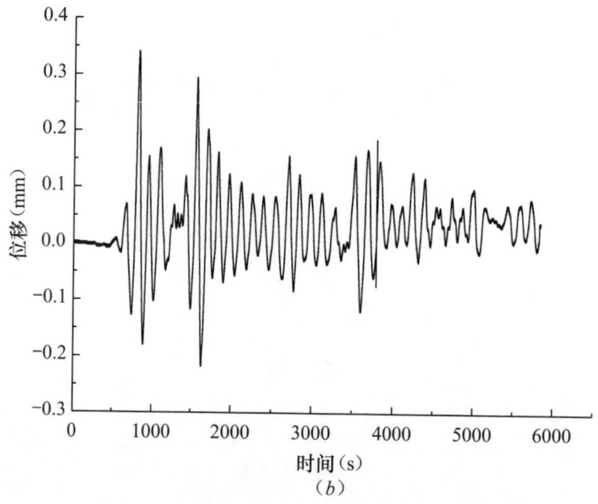

（b）

图 6.2-6　子结构拟动力位移时程曲线（一）
（a）35gal 第一层位移时程；（b）35gal 第二层位移时程曲线

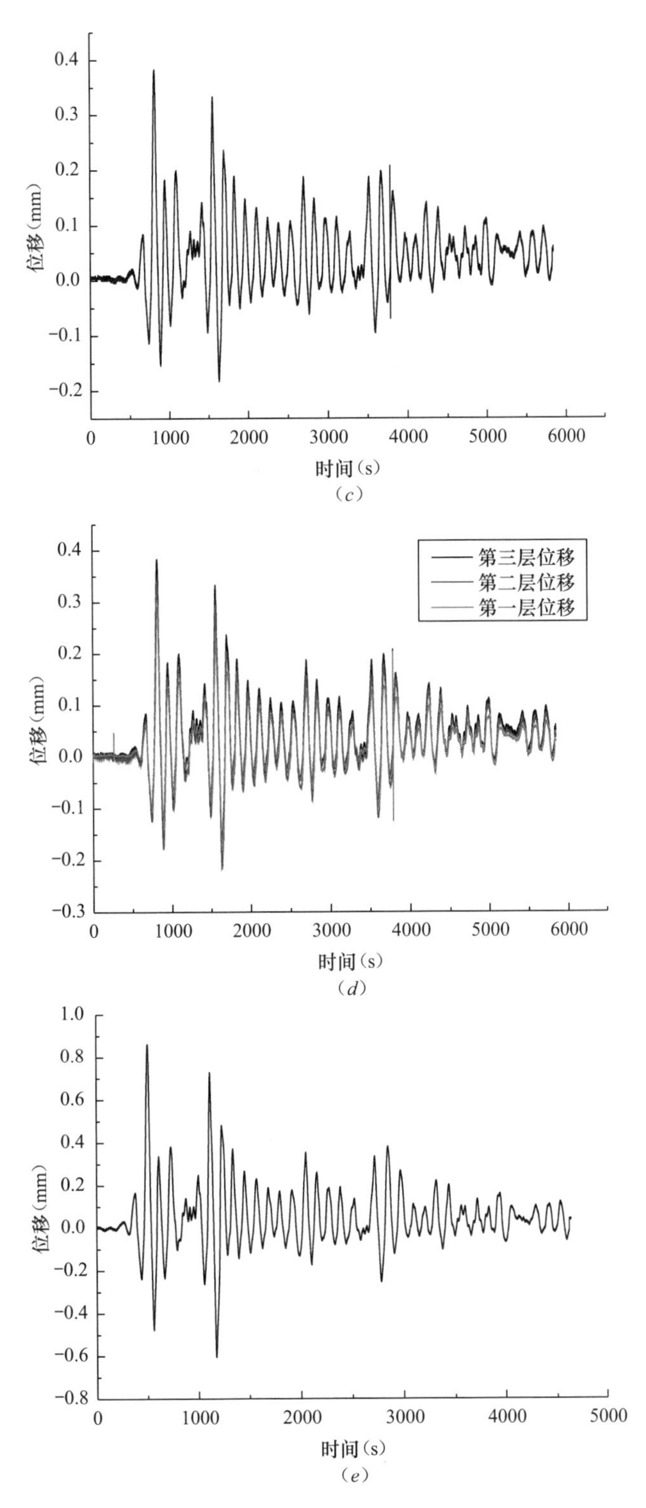

图 6.2-6　子结构拟动力位移时程曲线（二）

（*c*）35gal 第三层位移时程曲线；（*d*）35gal 地震动作用下位移时程对比图；（*e*）70gal 第一层位移时程

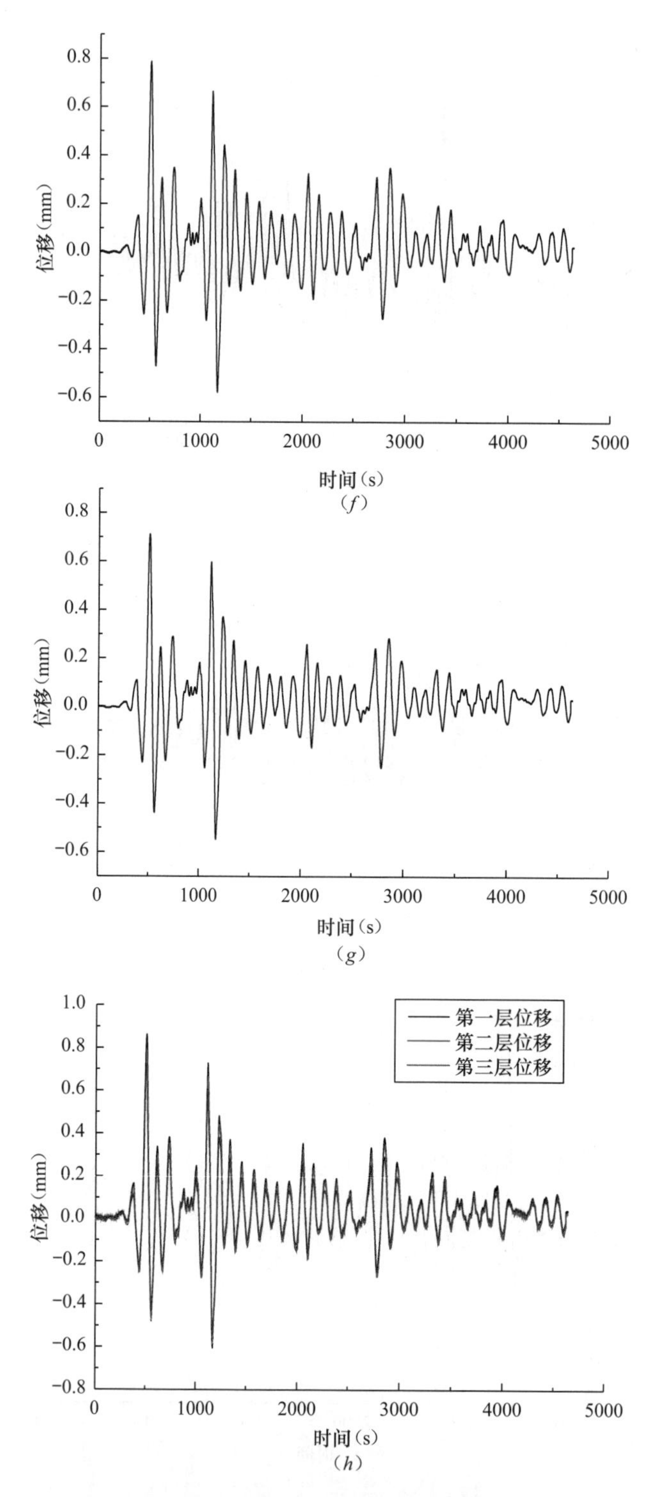

图 6.2-6 子结构拟动力位移时程曲线（三）

(*f*) 70gal 第二层位移时程；(*g*) 70gal 第三层位移时程；

(*h*) 70gal 地震动下位移时程对比图

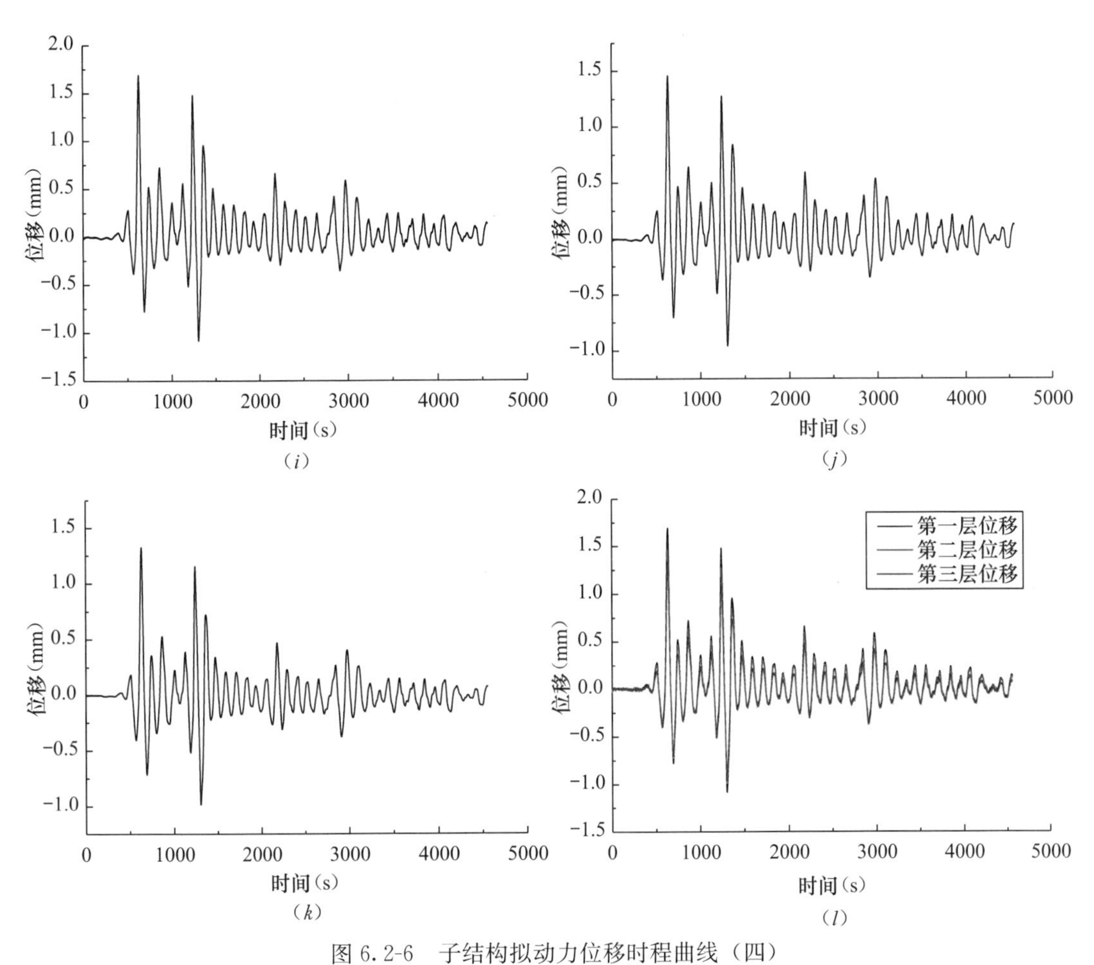

图 6.2-6　子结构拟动力位移时程曲线（四）

(*i*) 220gal 第一层位移时程曲线；(*j*) 220gal 第二层位移时程曲线；
(*k*) 220gal 第三层位移时程曲线；(*l*) 220gal 地震动下的位移时程对比图